KB128626

부모와 아이가 함께하는

슬기로운 명상생활

부모와 아이가 함께하는
슬기로운 명상생활

초 판 1쇄 2023년 07월 13일

지은이 신계숙
펴낸이 류종렬

펴낸곳 미다스북스
본부장 임종익
편집장 이다경
책임진행 김가영, 신은서, 박유진, 윤가희, 정보미

등록 2001년 3월 21일 제2001-000040호
주소 서울시 마포구 양화로 133 서교타워 711호
전화 02) 322-7802~3
팩스 02) 6007-1845
블로그 http://blog.naver.com/midasbooks
전자주소 midasbooks@hanmail.net
페이스북 https://www.facebook.com/midasbooks425
인스타그램 https://www.instagram/midasbooks

ISBN 979-11-6910-287-2 03590

값 17,500원

부모와 아이가 함께하는

신계숙 지음

프롤로그

부모와 아이가 일상 속 명상으로 행복해지기를 기대하며

나의 어린 시절은 매우 가난하고 외로웠다. 초등학교 교장이시던 아버지는 8남매를 남기고 내가 중학교 1학년 되던 해 가을에 돌아가셨다. 아버지는 교직을 천직으로 알고 강직하게 사시던 분이셨다. 아버지는 비록 물질적으로는 아무것도 남기지 않고 돌아가셨지만, 살아 계신 동안 보여주신 강직하고 성실한 모습은 나에게 정신적 유산이 되어 오늘에 나를 있게 했다.

이십 대 때 나는 대학교도 가지 못하고 일찌감치 직장생활을 했다. 매일 꿈이 없는 똑같이 반복되는 암울한 날을 살아야 했다. 한때 자살을 생각하기도 할 만큼 사는 것이 지루하고 힘들었을 때도 있었다. 그때 친구의 도움으로 만난 명상은 내 삶의 터닝포인트가 되어 건강하게 살아가는 데 힘이 되어 주었다. 남과 비교하느라 정작 괜찮은 나를 알아보지 못

하고 불행하게 살던 삶을 변화하게 해주었다. 명상으로 나를 알아차리고 들여다보니 있는 그대로 괜찮은 내가 보이기 시작했다. 나를 제대로 알게 되는 것 자체가 명상이고 행복의 시작이었다. 알아차리고 내려놓고 비우니 공간으로 행복이 들어오게 되었다.

나는 불혹의 나이에 먼 길을 돌고돌아 아버지가 가셨던 길을 가는 초등학교 선생님이 되었다. 처음 선생님이 되었을 때 눈이 맑은 아이들을 보면서 얼마나 마음이 설레었는지 모른다. 하지만 교직에 있는 동안 너무나도 마음이 아픈 아이들을 많이 만났다. 그 아이들을 어떻게 하면 도울 수 있을까? 생각하다 상담대학원에 진학하게 되었다. 아이들과 생활하면서 아이들의 마음에 공감해 주고 함께 명상하면서 아이들이 행복해지고, 집중력 또한 향상되는 변화를 경험하게 되었다. 하루를 아이들과 함께 3분 명상으로 시작하면서 차분해지고 얼굴에 편안함이 자리 잡는 모습도 보게 되었다.

이 책에는 그동안 만났던 마음이 아픈 아이들의 상담 사례가 들어 있다. 상처를 주는지 모르고 상처를 주고 있는 부모님들이 이 책을 보고 자녀의 마음을 알아주었으면 하는 마음에서 사례를 넣게 되었다. 상처가 되는지도 모르고 함부로 대하며 키우고 있는 부모님들에게 할 말이 많아서 이 책을 쓰게 되었다. 또한 부모와 아이가 행복해지기 위해 함께할 수 있는 쉽고 간단한 명상 방법들도 책 속에 소개하고 있다. 우리 아이들은 부모에게 많은 것을 바라지 않는다. 공감해 주고 조건 없는 부모님의 사랑을 원한다. 조건이 없는 사랑이 얼마나 아이의 자존감을 빛나게 하는지 말하고 싶었다. 그리고 아이만 공부하라고 하지 말고 아이에 관해 마음공부하는 부모가 되라고 말하고 싶었다.

명상을 공부하면서 나도 명상이 너무도 과학적이라는 데 놀랐다. 부모들이 뇌에 대해 조금만 알고 있다면 아이를 더 건강하게 기를 수 있을 것이다. 따라서 명상의 과학적 근거와 최소한의 뇌에 관해 책에 소개하고 있다. 우주에는 7.83hz의 우주파가 존재한다. 이 주파수는 사람이 명상할 때의 뇌파와 닮아 있다. 명상하면서 사람은 우주와 공명이 일어나 심신이 편안해지고 안정이 된다. 또한 뇌는 순진하여 상상하는 것인지 현실적으로 일어나는 일인지를 잘 구분하지 못한다. 따라서 행복해지려면 행복한 상상을 의도적으로 자꾸 하면 된다. 그 연습이 행복 명상이다. 행복해지는 데도 최소한의 행복 연습은 필요하다.

요즘의 명상은 가부좌하고 앉아서 하는 명상이 아니다. 걸어가면서, 먹으면서, 앉아서, 누워서 시간과 장소를 구분하지 않고 할 수 있는 활동성 명상이 대세다. 명상은 어렵지 않아서 생활하면서 놀이하면서 얼마든지 할 수 있다. 명상은 같은 에너지를 갖은 사람들이 모여서 하게 되면 공명이 일어나면서 효과가 증폭된다. 부모와 자녀가 생활 속에서 함께 명상한다면 행복한 에너지는 몇 배로 불어날 것이다. 또한 부모들이 그렇게 바라는 공부도 아이는 스스로 하게 될 것이다. 행복한 뇌를 가진 아이가 공부도 잘한다. 불행한 아이의 뇌는 변형되어 공부를 잘하려고 해도 잘할 수 없는 상태가 된다. 아이가 행복해지는 명상, 부모니까 할 수 있다. 하루를 시작하는 아침 함께 호흡하고 안아주고 웃으면서 시작하는 것 자체가 명상이다.

명상은 얼마나 잘하는 것이 중요한 것이 아니라 무엇인가를 하려고 마음먹고 있다고 알아차리는 것이 더 중요하다. 내가 상상한 것이 그대로 이루어지는 것이 지구의 법칙이다. 그것이 명상의 원리이다. 생활 속 명상으로 부모와 아이가 행복해지는 날을 기대하며 이 책을 썼다.

또한 학교에서 20여 년 아이들과 함께 명상하고 변화를 가져온 경험을 부모님들이 가정에서 따라 할 수 있도록 쉽게 풀어서 책을 구성하였다. 이 책을 통해 많은 부모님과 자녀가 명상을 알고 실천하여 행복해지기를 바란다. 부모와 아이가 모두 행복해지고 웃는 그날을 생각하며 명상을 알리는 행복 전도사로서 열심히 살고자 한다.

본 사례에 올라가 있는 이름은 모두 가명입니다.

들꽃향기 | 신계숙

2장

둘레길을 걸으면 성적이 오르는 놀라운 비밀

3장

놀이처럼 부모와 함께하는 슬기로운 명상공부

4장

가장 좋은 명상은 아이와의 스킨십

5장

내 아이가 달라지는 부모표 명상 공부

1장

자녀의 마음을 알려면 마음공부가 필요하다

01

먼저 부모 자신의 마음을 들여다보라

나는 초등학교 교사로 초등학교에서 20여 년을 근무하는 동안 많은 학부모님을 만났다. 초등학교는 3월이면 학부모님과 상담하는 상담 주간이 있다. 이때 학부모님들이 할 말이 많은지 학교에 많이 오신다. 오시는 부모님들이 제일 많이 하시는 말씀이 소통이 안 되는 아이에 관한 말씀이었다. 마냥 어린아이라고 생각했는데 어느 날부터 엄마의 말에 말대꾸하기 시작하고 별일 아닌 일에 짜증을 내기 시작한다고 했다. 당황한 부모님은 어떻게 아이를 예전처럼 내 말을 잘 듣는 순한 아이로 되돌릴 수 있는지 그것을 제일 궁금해 했다. 대개 부모들은 아이의 욕구보다 자신의 욕구에 더 관심이 많다. 그래서 어느 날부터 부모가 시키는 대로 행동하지 않는 아이를 탓하게 되고 당황하게 된다.

사람은 자라온 과정과 환경이 다 다르다. 아이를 기르면서 유독 같은 상황에서 짜증이 난다면 그 감정이 어디서 올라오는지 잠시 숨을 고르며 자신을 들여다보아야 한다. 현실에서 벌어지는 일들을 있는 그대로 왜곡하지 않고 받아들이는 연습이 필요하다. 아이가 짜증을 낸다면 '감히 네가 부모에게 덤벼?'라고 생각하기 전에 한 걸음 물러나 상황을 보는 여유를 가져야 한다. 똑똑한 아이들은 다 안다. 부모가 자신을 통제하려고 하는지 아니면 있는 그대로 받아들이고 있는지를.

부모인 나는 어렸을 때 나의 부모로부터 전폭적인 지지를 받고 자랐을까? 아마도 감정을 억누르고 참는 법부터 배웠을 것이다. 어른에게 감정은 표현하면 안 되는 것으로 알고 살았을 것이다. 원래 감정은 좋고 나쁜 것이 없고 자연스럽게 표현되면 문제를 일으키지 않는다. 끓는 냄비의 뚜껑이 들썩이듯이 감정도 누르면 언젠가는 들썩이다 폭발하고 만다. 엄마의 말에 반대로 나가는 내 아이의 감정을 나는 다 존중해 주고, 받아주었을까? 아마도 많은 부모가 내 부모가 나에게 했듯이 아이가 나에게 강하게 감정을 표현하면 욱하고 화가 올라와 야단쳤을 것이다.

"한마디만 더 해!" 심지어는 "입 닥쳐!"라고 아이의 자존심을 밟아 뭉개는 말을 서슴없이 하는 부모도 있다. “입 닥쳐!”라는 말은 아이들의 대화 방법 교육 중에 부모님이 그랬다고 제일 많이 한 말이다. 참 안타까운 현실이다. 분명히 부모는 아이를 사랑하고 있다는데 입으로는 아이에게 상처인지도 모르고 상처를 주고 있다. 겉으로 드러나는 상처는 시간이 지나면 아물지만 보이지도 않는 어린 시절 마음의 상처는 오랜 시간이 지나도 아물지 않고 우리의 내면에 오래 남아 있다.

도대체 알 수 없는 내 아이의 속마음을 탓하기 전에 부모 자신의 마음을 먼저 알아차릴 필요가 있다. 내 부모가 나한테 했던 그 방식으로 내 아이를 나도 모르게 상처 주면서 키우고 있지는 않은지 돌아보아야 한다. 부정적인 감정이든 긍정적인 감정이든 감정은 자연스럽게 표현하는 것이 제일 좋다. “그래 내가 참지.” 하고 참는 것이 제일 위험하다. 잘 참는 아이가 어느 날 더 이상 참지 못하고 다른 아이를 때려서 대형 사고를 치는 경우를 종종 본다. 참는 감정이 쌓이다 폭발하면 참지 않은 것보다 못한 결과를 가져온다. 부모나 아이가 서로에게 자신의 감정을 효과적으로 전달하는 방법을 안다면 좋지 않을까?

새 학년이 되어서 만난 솔이는 교과서를 보면 그대로 외우는 머리가 비상한 아이였다. 깡마른 체구에 항상 불안해 보였다. 특히 친구들과 게임을 하면 꼭 이겨야 직성이 풀렸다. 게임에 지기라도 하는 날이면 끝까지 함께한 아이들을 괴롭혔다. 어떤 때는 아이들과 갈등이 일어나면 분노 조절이 되지 않아 소리를 지르고 의자를 집어 던지는 위험천만한 일들을 벌였다. 그러다 보니 친구들과 놀고 싶은데 솔이 옆에는 친구들이 없었다. 어느 날 아이들이 모여서 하는 말을 지나가다 우연히 듣게 되었다. 솔이가 엄마에게 매일 맞는다고 했다. 솔이는 엄마에게 맞고 오는 날이면 상처를 아이들에게 보여 주며 그렇게 해서라도 환심을 사려고 했던 것 같다.

친구가 없는 솔이에게 관심을 가지고 심부름도 시키고 이야기를 들어주기 시작했다. 솔이는 어느 날부터인가 자신의 이야기를 조금씩 담임인 나에게 하기 시작했다.

어느 날은 아침에 나를 보자마자 어제 엄마에게 맞았다며 하소연했다. 몹시 아프겠다며 연구실로 데려가서 보여 달라고 했다. 긴바지를 걷자 퍼렇다 못해 검붉은 종아리가 나왔다. 맞은 곳이 낫지 않았는데 그 위에 또 맞아서 상처가 깊었다. 얼마나 아팠을까? 마음이 너무 아프고 눈물이 나왔다. 보건실에서 약을 가져와 발라주며 위로해 주었다. 왜 맞았느냐고 물어봤더니 공부하라는 곳까지 다 외워 놓지 않아서 엄마가 저녁에 오셔서 때렸다고 했다. 솔이는 수업이 끝나면 친구들과 한 번도 놀아 본 적이 없이 곧장 공부하러 집으로 갔다.

며칠 후, 솔이 어머니를 학교로 오시라고 했다. 어머니는 지식이 많은 전문적인 일을 하는 여성이었다. 거두절미하고 앞으로 또 체벌하면 아동학대로 신고하겠다고 말씀드렸다. 어머니는 의외로 솔이를 체벌한 것을 순순히 인정하셨다. 자신도 이제는 때려서는 해결이 안 된다는 것을 안다고 했다. 다만 자신의 분노를 어떻게 하지 못해서 때리게 된다고 했다. 솔이가 아이들에게 자신의 분노를 폭발하는 모습과 어머니가 자신의 분노를 이기지 못해 솔이를 체벌하는 모습은 너무도 닮아 있었다. 어머니에게 일단 솔이가 너무 분노 조절이 되지 않고 상처가 많으니 상담받을 것을 권유했다. 어머니는 상담전문가를 추천해 달라고 말씀하셨고, 마침 상담대학원 진학 중이어서 나는 아는 교수님과의 만남을 주선해 드렸다. 놀라운 것은 상담 다섯 번 만에 어머니도 아이도 눈에 띄게 변화된 모습이 보이기 시작했다는 것이다. 당연히 교수님은 아이와 함께 어머님을 상담했다. 솔이의 분노는 어머님의 인정하지 않는 양육방식에서 온 것이었다.

솔이 어머님은 시골에서 중학교 때 서울로 유학을 와서 기숙사에 있으면서 모든 것을 스스로 알아서 공부했다. 어렵게 대학을 나와 전문직을 가진 직장인이 되었다. 어머니는 부모님과 떨어져 서울에서 살면서 부모로부터 정서적으로 아무런 보살핌을 받지 못했고 오직 공부를 위해 외롭게 살았다. 성적이 제대로 나오지 않으면 아버지께 많이 맞았다고 했다. 어머님은 아버지에게서 받은 마음의 상처를 해결하지 못한 채 솔이에게 그 방식 그대로 상처를 대물림하고 있었다. 상담을 시작한 지 얼마 되지도 않았는데 솔이의 얼굴에는 웃음이 보이기 시작했다. 묻지도 않았는데 솔이는 어제 엄마가 허락해서 처음으로 친구 집에 가서 저녁까지 먹고 놀다 왔다고 말했다. 엄마가 변하니 아이의 변하는 모습이 확연히 눈에 보였다.

부모가 자신의 상처를 알아차리지 못한 채 아이의 욕구에 적절한 방법으로 대처하지 못한다면 아이는 불안한 가운데 성장하게 된다. 부모는 아이를 비춰주는 거울이다. 거울이 제 기능을 못 하고 왜곡되어 있다면 아이는 왜곡된 거울에 비친 자기의 모습이 자신인 줄 알고 자신도 모르게 부모와 똑같은 길을 걷게 된다.

미국의 정신의학자 머리 보웬(M. Bowen)은 가족을 연구하면서 부모의 해결되지 못한 정서가 자녀에게 그대로 대물림되는 경우를 알게 되었다. 부모로부터 받은 마음의 상처를 해결하지 못하고 비슷한 에너지를 가진 배우자를 만나 결혼하여 자녀를 낳고 또 같은 방식으로 상처를 주고 아이를 키우는 일이 대물림되는 것을 발견한 것이다. 더욱더 놀라운 것은 미해결된 상처가 몇 대를 거쳐 대물림 되면 정신장애를 가진 자녀가 나오더라는 충격적인 사실을 알게 되었다. 알아차리지 못하면 부모는 또 그 위의 부모로부터 받은 상처를 자녀에게 똑같이 대물림하면서 더 큰 어려움이 생기게 된다는 것이다.

조금이라도 나의 양육 태도가 부모로부터 비롯된 부정적인 감정을 담고 있다면 그것을 알아차리고 단호하게 끊어내야 한다. 뼈를 깎는 심정으로 상처의 대물림을 내 대에서 끊어내야 한다. 부모는 내 아이를 행복하게 키울 소명이 있으니까.

감정은 그 감정 속에서 잠시 벗어나 가만히 들여다보면 어떤 문제가 있는지 보이기 시작하면서 그 감정에 휩쓸리지 않게 된다. 감정은 내가 아니다. 감정은 그저 파란 하늘에 흘러가는 구름과 같다. 하늘은 해가 나는 날도 있고 번개가 치면서 비가 오는 날도 있다. 하지만 그런 날이 지나고 나면 또다시 맑은 하늘이 나온다. 사람은 원래 그렇게 맑은 존재이다. 분노, 화, 수치심 등은 내가 아니다. 흘러가는 감정일 뿐이다. 감정과 자신을 동일시하여 자신을 괴롭히지 말아야 한다.

어렸을 적 부모는 아이에게는 전부인 유일한 존재이다. 부모 자신이 받은 상처를 알아차리지 못하고 상처 난 마음으로 아이를 키운다면 아이의 속마음은 영영 알지 못하게 될 것이다. 또한 부모의 혼란한 감정으로 아이를 양육한다면 아이에게 평생 지워지지 않는 상처를 주게 될 것이다. 부모는 그냥 아이의 모습 그대로를 인정하고 아이의 말에 공감하기만 하면 아이는 부모의 곁으로 저절로 돌아온다. 부모는 너무 많은 것을 하지 않아도 된다. 아이의 곁에 조용히 다가가 앉아 있기만 해도 된다.

아이와의 진정한 교감은 그럴 때 알아서 일어날 테니까. 부모는 내 아이를 탓하기 전에 자신을 알아차리고 마음을 먼저 들여다보아야 한다.

02

부모의 학대는 아이의 뇌를 변형시킨다

1) 내 아이는 부모인 나를 안전기지로 생각하고 있는가?

부모들은 자신이 아이들을 잘 키운다고 생각하고 양육한다. 넘쳐나는 정보 속에서 내 아이에게 좋다고 생각되는 정보들을 모아 아이에게 주려고 애를 쓴다. 그중에서 같은 또래 부모들이 자녀에게 효과가 있었다고 하는 이야기는 그냥 흘려 넘길 수 없을 만큼 매력적이고 솔깃한 이야기다. 그러다 보니 부모들은 다른 집 아이와 내 아이를 자꾸 비교하게 된다. 내 아이만 뒤떨어지는 것 같아서 자꾸 이것저것을 시키려 한다. 부모들이 아이를 위해 하는 좋은 것들이 과연 아이의 입장에서도 좋은 것일까? 한 번이라도 아이의 생각을 들어 본 적은 있는가? 부모인 내가 내 아이를 위해서 하는데 생각하고 말고가 어디 있지? 아이는 그냥 부모가 하라는 대로 따라오면 되는 것 아닌가? 많은 부모가 이렇게 생각하는 잘못을 범한다.

부모는 내가 경험도 많고 세상에 대해 더 많이 아니까 아이를 통제할 권리가 자신에게 있다고 생각한다. 아이에게 부모의 뜻을 받아들이도록 요구하는 것을 사랑해서라고 굳게 믿고 있다. 부모가 자신이 하는 행동을 알아차리지 못하면 아이는 점점 힘들어진다. 내가 아이를 위해 하는 좋은 것이 아이가 원하지 않으면 학대가 될 수도 있다고 말하면 아마도 부모들은 말도 안 된다고 펄쩍 뛸 것이다. 아무리 좋은 것을 주어도 아이가 싫다는 것을 억지로 시키는 것은 학대가 된다는 사실을 부모들은 모르고 있다.

어려서부터 부모와 자녀 간에 자리 잡는 정서적 유대감은 아이의 건강한 심신 발달에 매우 중요하다. 특히 세 살이 되기 전에 형성되는 주 양육자와의 '애착'은 아이의 일생에 큰 영향을 미친다.

아동 발달 심리학자 메리 애인스워스(Mary Ainsworth)는 유아를 대상으로 한 '낯선 상황' 실험에서 부모와 형성하는 3가지의 애착 유형을 발견했다. 이 실험은 처음에 엄마와 12개월 된 유아가 장난감이 가득한 방으로 안내되어 엄마와 함께 있는다. 잠시 후 엄마가 나가고 낯선 사람이 들어왔을 때 유아의 반응과 엄마가 다시 돌아왔을 때 유아의 반응을 관찰하였다.

엄마가 아기의 욕구를 제때 잘 들어주고 사랑으로 기른 안정된 애착이 형성된 아기는 엄마를 안전기지로 삼아 놀다가 엄마가 떠나면 울다가 엄마가 돌아오면 다시 안정을 찾고 탐험을 계속하였다. 반면 아기가 자라는 동안 엄마가 자신의 욕구를 들어주지 않고 방치하고 기른 아기는 엄마가 떠나든 돌아오든 별로 신경 쓰지 않는 것처럼 보였다. 하지만 아기는 낯선 상황에서 스트레스 호르몬의 수치가 높게 상승하는 결과를 보였다. 이런 회피형 애착의 유아는 그들의 요구가 소용없다는 것을 알기 때문에 엄마를 별로 신경 쓰지 않는 것처럼 보인다. 이외에 엄마에게 다가가기가 두려운 혼란형 애착을 가지고 있는 유아는 엄마가 어디에 있든 집착했고 엄마를 다시 만났을 때 엄마를 반기는 행동과 거부하는 행동을 번갈아 나타냈다. 이런 양육자는 어떤 때는 아이에게 사랑을 주다가도 화가 나면 아이를 때리거나 방임한다. 아무런 힘이 없는 아이는 부모의 사랑을 갈구하면서도 두려워서 다가가지 못하고 혼란스러워하게 된다.

아무것도 모를 것 같은 어린 아기들도 엄마가 자신을 받아 주는지 귀찮아하는지 너무도 잘 알고 있다. 어린 시기에 엄마와 형성된 애착은 놀랍게도 어른이 된 후의 삶에도 영향을 끼치는 것으로 나타났다. 메인(Main)과 동료 연구자들의 연구에서 성인 애착 면접에서 나타난 애착 유형의 75%가 유아의 애착형과 일치하는 것으로 나타났다. 그만큼 아이와 부모의 관계는 유아기에서부터 매우 중요하다. 참으로 놀랍지 않은가? 부모는 사랑과 믿음으로 언제든지 아이가 달려가 안길 수 있는 아이만의 안전기지가 되어 주어야 한다. 정말 내 아이는 부모인 나를 혼란한 세상에서 언제든지 달려와 안길 수 있는 안전기지로 알고 자라고 있을까? 부모는 한 번쯤 심각하게 생각해 볼 필요가 있다.

2) 부모의 학대는 아이의 뇌를 변형시킨다

부모가 아이에게 하는 체벌은 아이의 뇌를 위축시킨다. 세상이 흔들려도 나만을 위해 변치 않을 사랑을 주어야 하는 부모가 자신을 때린다면 아이는 어떤 감정을 가지게 될까? 부모들은 아이들을 잘 키우기 위해 아이를 때린다고 말한다. "딱 한 번 때렸을 뿐인데."라고 부모 자신을 합리화하기도 한다. 잠시 아이의 입장에서 생각해 보면 아마도 온 세상이 무너지는 것 같은 심정일 것이다. 자신이 믿던 부모가 자신을 때리는데 세상이 어떻게 보일까? '세상은 아무도 믿지 못하는 곳이구나.'라고 느낄 것이다.

더 심각한 것은 아이의 체벌이 계속된다면 아이의 모든 것을 관장하는 전전두엽은 쪼그라들고 통증을 담당하는 뇌신경은 스스로 고통에 무감각하게 뇌를 변형시켜 살아남기 위해 애쓰게 된다. 또한 무심코 아이에게 하는 부모들의 곱지 못한 폭언들은 어떤가? "넌 그것도 못 하냐?", "누굴 닮아서 그 모양이냐?", 바보냐?", "옆집 철수를 좀 닮아라." 등의 폭언을 부모에게 계속 듣고 자란 아이는 청각을 담당하는 뇌신경이 둔하게 변한다. 따라서 학교에서나 집에서 다른 사람의 말을 집중하여 듣지 못하는 현상이 반복되어 자꾸 부정적인 소리를 듣게 되는 악순환이 되풀이된다.

초등학교 1학년들은 학교에 오면 어제 있었던 가정에서 즐거운 일이나 자신이 감당하기 어려웠던 이야기를 묻지 않아도 제일 먼저 선생님께 이야기한다. 그중에서 제일 많은 것이 어젯밤에 엄마와 아빠가 싸웠다는 이야기다. 그만큼 아이에게는 내가 믿고 사랑하는 엄마와 아빠의 싸움은 견딜 수 없을 정도의 불안이다. 더군다나 폭력을 쓰면서 부모가 자녀 앞에서 싸우는 일이 반복된다면 보는 것이 너무 괴로워 아이의 머리 뒤쪽에 시각을 담당하는 뇌의 부분이 위축된다. 그로 인해 다른 사람의 얼굴에 나타난 감정을 잘 알아차리지 못해 인간관계에 어려움을 겪게 된다. 아이 앞에서 한 번이라도 부부싸움을 안 해본 부부가 있느냐고 물으면 당신은 무엇이라 대답하겠는가?

아이를 키우면서 정말 하지 말아야 할 것은 무관심이다. 정서적으로 부모의 보살핌이 무엇보다 필요한 때 아이의 욕구를 살피지 않고 방치하는 것은 아이의 정서에 심각한 문제를 일으킨다. 계속 방치된 아이는 행복이나 즐거움을 느끼는 것에 둔감해지면서 좌 · 우뇌의 기능을 원활하게 이어주는 뇌량이 위축된다. 또래 아이들과 어울려 즐겁게 생활하는 것이 어렵게 되는 것이다.

아이를 키우면서 아이가 잘되라고 한 부모의 폭언이나 체벌이 아이에게 어떤 영향을 미치는지에 대한 심각성을 부모는 꼭 알아야 한다. 이렇게 아이가 공부에 집중할 수 없는 환경을 만들어 놓고 부모는 아이에게 공부를 못 한다고 아이 탓만 한다. 부모의 학대는 아이 뇌가 생각을 잘할 수도, 집중을 잘할 수도 없는 상태로 만들어 버린다.

어느 해인가 만난 경준이는 큰 키에 빼빼 마른 몸을 가진 아이였다. 수업 시간이 되어도 책상에는 아무것도 내놓지 않고 그냥 멍한 표정으로 앉아 있었다. 하루, 이틀, 일주일이 지나도 그냥 넋 나간 듯이 앉아 있었다. 수업 중에는 책을 꺼내 놓으라고 가르쳐 주어도 언제나 처음 듣는 이야기처럼 경준이는 자신이 무얼 해야 하는지 몰라 하는 표정이었다. 더욱 놀란 것은 글씨를 쓰는데 자음, 모음을 다 거꾸로 썼다. 어떻게 고학년까지 그렇게 불편하게 글씨를 쓰면서 지내 온 것인지 안쓰러웠다. 수업 중 필기는 엄두도 못 내고 그냥 앉아 있었다. 그나마 수학은 조금 푸는 속도가 다른 교과에 비해 나왔다. 처음에는 '약간 경계성 지능인가?' 하는 생각마저 들었다.

경준이는 아침에 제일 먼저 학교에 왔다. 자연히 다른 아이들이 오지 않고 둘이 있으니 이런저런 이야기를 하게 되었다. 그러다 경준이가 하는 이야기를 듣고 깜짝 놀랐다. 엄마가 매일 자신을 마구 때린다는 것이다. 거의 매일 제대로 못 한다며 엄마는 경준이의 머리며 몸을 닥치는 대로 때린다고 했다. 엄마에게 말대답하는 것은 고사하고 엄마의 눈치를 보느라 경준이는 매일 불안하다고 했다. 집에 가면 학습지며 책을 다 읽을 때까지 책상 앞에서 꼼짝 못 하게 한다고 했다. 하루에 한 권씩 꼭 책도 읽는다고 했다. 무슨 책을 읽느냐고 물어봤더니 과학에서부터 위인전까지 다 읽는다고 했다. 슬쩍 책 내용을 물어봤더니 책 내용을 다 알고 있었다. 정말 의외였다. 경준이는 수업 중에도 엄마에게 혼날까 봐 불안해서 아무것도 할 수가 없다고 했다. 오직 엄마에게 어떻게 하면 혼나지 않을까? 그 생각으로 머리가 꽉 찬 아이 같았다. 그런 경준이를 친구들은 장애인 같다고 놀렸다.

경준이가 학기 초 자신을 그린 물고기 그림은 철로 둘러싼 갑옷을 두르고 있는 모습이었다. 얼마나 마음의 상처가 큰지를 명확하게 보여 주고 있었다. 더 안타까운 것은 어머님이 누구의 말에도 귀 기울이지 않는다는 사실이었다. 너무 가슴이 아프고 안타까웠다. 경준이는 IQ가 낮은 게 아니라 불안으로 아무것도 생각할 수 없는 아이가 되어 있었다. 아마도 경준이의 뇌는 많은 부분이 위축되고 변형되었을 것이다. 수업 중 집중하는 것도 다른 사람의 기분을 알아채는 것도 모두 늦어서 교감이 안 되는 상태였다. 그러다 보니 친구들도 경준이를 멀리했고 경준이는 친구가 없었다. 경준이를 보면 엄마에게 잡혀 꼼짝 못 하는 가여운 모습만 보였다. 경준이가 이대로 큰다면 얼마나 삶이 힘들어질까? 도와주려고 애를 써 보았지만, 경준이는 부모의 허락 없이는 아무것도 할 수 없는 미성년자였다. 겨우 어머니를 설득하여 수업 후 글씨 쓰기부터 시작하여 곱셈과 나눗셈을 공부하고 학년을 마쳤다. 그나마 경준이와 많은 이야기를 나누고 희망을 주려고 애를 쓴 것을 마음에 위로로 삼을 뿐이었다.

부모들은 자신의 아이를 잘 돌보려고 최선을 다한다고 말한다. 아이를 키우면서 아이에게 소리 한 번, 체벌 한 번 안 해본 사람은 없을 것이다. 많은 부모가 아이를 사랑한다는 명분 아래 너무 많은 상처를 주고 있다. 부모들이 하는 말이나 행동 하나하나가 아이에게 상처를 주는 학대일 가능성이 있다는 것을 부모는 알아차려야 한다. 부모가 알아차리지 않으면 아이의 뇌는 살아남기 위해 점점 변형되어 간다는 사실을 부모는 명심해야 한다. 아이는 부모의 삶에 주어진 멋진 선물이다. 그 멋진 선물이 제대로 자랄 수 있도록 항상 깨어 있는 마음으로 알아차려야 한다.

03

모든 소통은 마음에서 시작한다

내가 자랄 때는 누르기만 하면 물건이 나오는 자판기가 없었다. 어렸을 적 친구들과 누르면 과자가 나오는 기계가 있었으면 좋겠다고 이야기한 적이 있었다. 몇 십 년이 지나고 보니 예전에 상상했던 것들이 현실이 되어 눈앞에 나타나기 시작했다. 자판기가 그랬다. 자판기뿐이겠는가? 이제는 사람들 손에 컴퓨터를 한 대씩 들고 다니는 시대가 온 것을. 컴퓨터는 사람을 보고 만들었다는 것을 누구나 다 알 것이다. 아무리 기능이 좋은 컴퓨터도 인간의 머리의 일부분을 본떠 만든 것에 지나지 않는다. 그러면 비교할 수 없이 잘 만들어진 사람의 능력은 어떨 것인가? 사람은 꼭 입으로 말하지 않아도 다른 사람이 나를 좋아하는지 싫어하는지 기가 막히게 안다. 사람의 마음에도 성능 좋은 감정 자판기가 한 대씩 들어 있는 것 같다. 그 자판기는 성능이 너무 좋아서 기분 나쁜 버튼을 누르면 기분 나쁜 반응이 정확히 튀어나온다. 또 좋은 버튼을 누르면 좋은 반응이 바로 튀어나온다. 기분 나쁜 버튼을 누르는데 기분 좋은 반응이나 감정이 나오는 경우는 절대로 없다. 사람의 마음에 있는 자판기는 너무나 신속하고 정확하니까.

미국의 범죄심리학자 클리브 백스터(Cleve Backster)는 어느 날 그의 사무실에 있는 식물에 거짓말 탐지기를 연결하고 불이 났다고 생각했더니 거짓말 탐지기 바늘이 움직였다고 발표했다. 백스터는 "식물들은 듣지도 보지도 못하지만 어떤 에너지를 느끼면 반응한다."라고 주장했다. 식물도 예민한 감정을 지니고 있으며 인간의 마음을 느낄 수 있다고 했다. 또한 식물은 키우는 사람과 서로 교감이 가능하다고 말했다. 사람들은 이 실험 결과를 '백스터 효과'라고 이야기한다.

이런 이야기를 들었을 때 실험을 통해 나도 직접 눈으로 현상을 확인하고 싶다는 호기심이 발동했었다. 어느 해인가 이 말이 정말일까 궁금해서 교실에서 아이들과 함께 양파를 길러본 적이 있었다. 아이들이 가져온 유리병에 담긴 양파를 교실 뒤쪽 창가와 앞쪽 창가 두 곳으로 나눠

놓았다. 뒤쪽 양파는 물은 똑같이 주었지만 무관심하게 놓아두었고 앞쪽 창가에 놓아둔 양파는 아이들에게 수시로 칭찬과 사랑한다고 말하라고 시켰다. 정말 놀라운 일이 벌어졌다. 앞쪽 창가의 양파는 며칠 되지 않아서 자기가 이 세상에서 제일 잘난 양파인 것처럼 싱싱한 잎을 뻗기 시작했다. 반면에 뒤쪽 창가의 양파는 며칠 되지 않아 심한 악취를 풍기며 썩기 시작했다. 너무 냄새가 심해서 열흘도 견디지 못하고 실험을 중단해야 했다.

식물도 알아차리는 사람의 마음을 하물며 사람은 어떨까? 말하지 않아도 다 안다. 이렇게 소통은 마음에서 시작한다. 마음이 없는 말은 무미건조하며 감동 없이 다른 사람에게 그대로 전달된다. 부모와 자녀 사이가 소통이 안 된다면 이것은 하루아침에 일어난 일이 아닐 것이다. 부모는 언제부터 아이의 말에 귀 기울이지 않았는지 생각해 보아야 한다. 자녀가 조그마한 아기였을 때 부모인 당신은 아이에게 어떻게 했는지 생각해 보라. 아마도 세상에서 둘도 없는 사랑스런 내 아이의 말에 귀 기울이려고 최선을 다했을 것이다. 웃기만 해도 걷기만 해도 잘한다고 칭찬을 아끼지 않았을 것이다.

언제부터인가 아이에 대한 기대가 높아지고 아이가 그 기대치에 못 미치면 부모인 당신의 마음은 어떻게 달라졌는가? 아이의 마음을 모른 채

하고 상처 주는 말을 해서라도 부모인 당신의 말에 아이가 순응하도록 길들이지 않았는가? 세 살짜리 아이도 부모의 마음을 다 알고 있는데 초등학생만 되어도 아이는 엄마가 내 편이 아니라 성적만 중요하게 여기는 성적 편이 된 것을 눈치 챈다. 자기의 말에 공감하지 않는 부모로부터 아이의 마음은 점점 반대로 가기 시작했을 것이다. 아이는 세 살이었을 때나 지금이나 똑같이 변하지 않았다. 다만 부모의 마음이 변하기 시작한 것이다.

방송기자였던 김상운 작가는 『왓칭』에서 세상의 모든 것들을 쪼갤 수 없을 정도의 작은 미립자로 쪼개면 그 미립자들은 어떤 상황에서도 자기 고유의 성질을 잃어버리지 않고 시공을 초월하여 영향을 미친다고 소개했다. 생각도 마찬가지이다. 생각도 에너지이기 때문에 생각의 미립자들은 아무리 먼 곳에 있어도 본래의 생각을 다 읽고 있다. 하물며 부모 에너지 안에서 태어난 자녀는 어떻겠는가? 말이 필요 없지 않은가?

하빈이는 또래에 비교하여 일찌감치 사춘기가 와서 몸과 마음이 성숙한 여학생이었다. 학기 초에 몇몇 친구들과 또래가 형성되어 잘 지내는 것처럼 보였다. 다만 우울해 보이고 학습에는 관심이 없었다. 시간이 나면 게임에서 나오는 여장 차림을 한 여자아이 그림을 매일 똑같이 그렸다. 그림의 여자아이는 한쪽 눈을 항상 가리고 있었으며 여자아이의 프로필에는 '학대받은 우울한 아이'라고 쓰여 있었다. 그림은 누가 봐도 섬뜩한 구석이 있었다. 아마도 자기도 모르게 자신을 그린 것 같았다. 특히 그린 그림을 남자아이들에게 보여주며 이성에 관심을 보였다.

여름 방학이 끝나갈 무렵 한 어머님에게서 전화 한 통화를 받았다. 하빈이와 친하게 지내는 몇몇 아이가 단톡을 만들었는데 하빈이가 단톡에 자신이 자해한 사진을 올렸다고 했다. 어머님이 보시고 너무 놀라서 선생님께 말씀드려야 할 것 같아서 전화했다고 하셨다. 함께 놀았던 아이들을 수소문해서 이야기를 들었다. 하빈이는 단톡방에서 의견이 맞지 않는 친구와 싸우다 흥분해서 자해한 사진을 올렸다고 했다. 초등학교 3학년이 자해라니 너무도 달라진 아이들의 행동에 담임교사인 나도 기가 막혔다. 일단 하빈이 어머님에게 심각하게 말씀드렸다. 하빈이 어머니는 우리 하빈이가 그럴 리가 없다며 완강하게 부인하셨다. 그러고는 마지못해 확인해 본 다음에 연락을 주겠다고 했다.

하빈이 어머니는 하빈이의 자해한 상처를 보고 그냥 무너지셨다고 했다. 아무 말도 못 하고 아이를 붙들고 한동안 울었다고 했다. 개학하고 하빈이가 학교에 나오기 시작하면서 어머니를 설득하여 수업 후에 담임교사인 내가 자해 치료프로그램을 만들어 하빈이와 함께 상담을 시작했다. 하빈이의 마음을 충분히 공감해 주고 위로해 주었다. 그 과정에서 하빈이에게 엄마는 너무도 무섭고 다가갈 수 없는 높은 벽을 가진 분이라는 것을 알게 되었다. 하빈이의 마음을 알아주던 아버지는 이혼하여 집을 나간 상태였고 어디에도 하빈이의 마음을 알아주는 사람은 아무도 없었다. 오직 엄마만 바라보던 하빈이는 냉담한 엄마의 태도와 공부를 못한다고 때리는 엄마를 견디다 못해 자기의 팔을 칼로 긋고 말았다.

상담 공부를 하기 전에는 나도 자해가 죽기 위해 하는 행동인 줄 알았다. 하지만 오히려 그 반대였다. 자해는 살고 싶어서 소리치는 아이의 마지막 절규이다. '나 이렇게 힘드니 봐 달라'는 처절한 메시지이다. 하빈이 어머니는 일밖에 모르는 회사원이었다. 혼자 아이를 키우다 보니 잘 키워야 한다는 생각에 하빈이의 마음은 몰라 준 채 공부만 강요했다고 했다. 나는 하빈이가 너무 외롭고 힘들어 했기 때문에 앞으로 다시 이런 일이 없을 거라는 확신이 들지 않아서 불안했다. 그래서 자해 충동이 들 때 할 수 있는 대체 행동을 알려주었다. 그리고 자신이 얼마나 귀한 존재인지 알려주는 활동들을 이어 나갔다. 마지막 날 명상을 하고 아이가 그림을 그렸는데 그동안 하빈이가 그려온 게임 속에서 나온 섬뜩한 여자 아이가 아니었다. 평화롭게 나무 밑에 앉아 명상하는 여자아이를 그렸다. 정말 다행으로 하빈이의 마음이 조금은 편해진 것 같아서 마음이 놓였다.

하빈이는 엄마가 자신을 안고 울 때 엄마가 자신을 사랑한다는 마음이 느껴졌다고 했다. 아마도 그동안 엄마와 하빈이 마음에 들어차 있던 미움, 분노, 외로움 등의 감정이 순간 다 사라지면서 엄마와 하빈이의 마음이 통하게 되었을 것이다. 부모는 아이를 위해 많은 것을 하지 않아도 된다. 말도 필요 없다. 진실한 마음으로 옆에 있어만 주어도 마음은 전달된다. 소통은 그렇게 소리 없이 일어난다.

흙탕물은 속이 보이지 않는다. 얼마 동안 그대로 놔두면 흙은 가라앉고 맑은 물이 드러나게 된다. 사람의 마음도 마찬가지다. 온갖 감정으로 마음이 흐려 있을 때는 아무것도 보이지 않게 된다. 시간을 가지고 가만히 있으면 마음의 부유물들이 가라앉으면서 맑은 본심이 나타나게 된다.

많은 사람이 여유가 없이 바쁘게 살아간다. 부모들도 마찬가지이다. 아이와의 소통을 위하여 그 일상 중에 잠시 자녀와 함께하는 시간을 틈틈이 가져야 한다. 그것이 일상 속 명상이다.

'아이와 만날 때마다 가벼운 포옹하기'
'아이와 함께, 해 질 녘 붉게 물든 저녁노을 바라보기'
'아이와 함께 마트에 손잡고 함께 걸어가기'
'아이와 함께 고소한 음식 냄새가 나는 저녁 식사하기'
'아이와 함께 달콤한 아이스크림 먹는 시간 갖기'
'아이와 함께 저녁 잠자리에서 행복했던 이야기하기'
'아이와 함께 금방 걷어 온 향기 가득한 빨래 정리하기'

일상생활에서 아이와 소소한 마음을 나눌 수 있는 경험은 의외로 많다. 너무 사소해서 그 소중함을 모르고 그냥 지나치기 때문에 눈에 보이지 않는 것이다.

아이와의 소통은 욕심을 비운 마음에서 시작한다. 아이의 눈높이에 맞춘 시선에서 시작된다. 있는 그대로 아이의 모습을 인정하는 데서 시작한다. 사소한 일상생활 속에서 시작된다. 아무것도 필요치 않다. 부모의 진실한 마음만 있으면 된다. 부모의 에너지에서 태어난 내 아이, 같은 에너지는 서로 끌어당기게 마련이다. 그것이 우주의 법칙이다. 마음을 비우면 자녀와의 소통은 저절로 일어난다.

04

아이는 부모를 보고 배운다

부모는 많은 실패를 경험하며 세상을 살아가게 된다. 그럴 때마다 실패한 자신을 어떻게 대하는지 생각해 보라. 어쩌면 실패한 자기 자신을 심하게 몰아붙이기도 하고 한심하게 생각했을지도 모른다. 속상해서 술을 마시고 비틀거리기도 하고 울기도 한다. 그런 방법으로 자신을 위로하며 살아간다. 부모들이 자신의 문제에 집중하다 보면 아이들이 보고 있다는 사실을 까맣게 잊어버릴 때가 있다. 세상을 처음 살아보는 아이들은 부모의 모든 행동을 눈여겨보고 있다. 살아가면서 시행착오는 누구나 당연히 겪는 삶의 과정이다. 부모가 잊지 말아야 할 것은 비틀거렸으면 다시 똑바로 걷는 모습도 자녀에게 보여주어야 한다는 것이다. 부모의 말과 행동이 앞으로 아이가 살아가는데 기준이 되기 때문이다. 그 기준이 올바르든, 그르든 그것은 그렇게 중요하지 않다. 부모의 살아가는 방식이 곧 자녀가 살아가는 방식이 된다는 사실이 중요하다. 아이는 부모의 말씨, 행동, 심지어는 옆집과 어떻게 지내는지까지 자신도 모르게 부모를 닮아간다. 아이는 어쩔 수 없이 처음으로 보고 배울 수 있는 사람이 부모밖에 없으니까 아이로서는 당연한 일이다.

완벽한 인간은 없다. 누구나 시행착오를 겪으며 성장한다. 다만 그 시행착오를 어떤 관점으로 바라보는지가 중요하다. 부모가 자신의 실수를 인정하고 마음을 열 때 아이도 그 모습을 배운다. 시행착오는 어쩔 수 없이 성장하면서 겪어야 하는 과정이다. 세상을 처음 살아보는 아이들도 실수를 자주 하면서 성장한다. 부모가 자신이 하는 실수에 엄격하다면 아이는 부모가 가르치지 않아도 자신이 하는 실수에 똑같이 엄격해질 수밖에 없다. 실패는 문제를 스스로 해결하고 다음 단계로 나가는 연습 과정이다. 넘어져 보지 않은 사람은 일어나는 법도 모른다. 부모가 넘어졌을 때 일어나는 모습을 보여준 아이는 스스로 일어날 수 있다. 부모가 아이를 키운다는 것은 참으로 조심스러운 과정이 아닐 수 없다. 자녀가 성장하는 만큼 부모의 의식도 함께 성장하지 않으면 부모와 아이가 모두 힘들어진다는 사실은 불을 보듯 뻔한 이치다.

아이들과 학교에서 함께 명상하면서 라포가 형성되면 아이들은 묻지도 않는 말을 곧잘 한다. 어느 날 한 학생이 말했다.

"우리 엄마는 내가 집에 가면 핸드폰 하면서 내 얼굴도 쳐다보지 않고 왔느냐고 그래요. 엄마는 핸드폰을 너무 좋아해요. 나보다 핸드폰이 더 좋은가 봐요."

참 요즘 세태를 잘 보여주는 말이다. 부모들뿐만 아니라 아이들도 핸드폰을 매우 좋아한다. 아마도 학교에서 돌아가는 길에서부터 손에서 놓지 않을 것이다. 그 좋은 핸드폰을 부모는 하면서 아이에게 하지 말라고 하면 어느 아이가 부모의 말에 순응할 것인가. 부모가 TV를 보고 있으면서 아이에게 들어가 책 읽으라고 하면 아이는 순순히 들어가 책을 읽을까? 아마도 속으로는 부모님은 TV를 보면서 자신에게만 책 읽으라고 한다며 불만을 가질 것이다. 아이는 부모를 보고 배운다. 그럴 수밖에 없다. 부모는 아이가 세상에서 둘도 없이 생각하는 모델이니까.

나의 아버지는 강원도 산골 조그마한 학교의 교장이셨다. 언제나 교직을 천직으로 알고 강직하게 사시던 분이셨다. 우리는 학교 근처에 있는 관사에서 할머니, 아버지, 어머니, 아이들 8남매 모두 열한 식구가 살았다. 나는 8남매 중 여섯째이다.

나는 유년 시절을 아름다운 곳에서 살았다. 봄이면 진달래가 앞산 가득 피고, 여름이면 까만 밤하늘에 쏟아질 듯 별들이 총총히 빛나고, 가을이면 앞산 뒷산 알밤 떨어지는 소리가 톡톡 들리고, 겨울이면 쉼 없이 내리는 눈에 폭 파묻혀 언제 올지 모르는 아련한 봄을 꿈꾸는 그런 곳에서 살았다.

내가 아버지의 초등학교에 코 수건을 가슴에 달고 어깨를 들먹거리며 입학했을 때쯤 아버지는 시름시름 아프시기 시작했다. 잦은 기침 소리에 숨이 가빠하셨고 얼굴도 창백해져 갔다. 조금 걱정이 되었지만, 아버지는 여전히 교장 선생님이었기에 별로 신경 쓰지 않았다. 넓은 학교 운동장을 마당 삼아 언니 동생들과 화단 가득히 피어 있는 꽃들을 반찬으로 소꿉놀이에 바빴다.

아버지의 기침 소리가 점점 커지고 언제부터인가 아버지는 서울 대학병원에 가끔 입원하시곤 했다. 코끼리가 한가롭게 내려다보이던 창경원은 왜 그리 커 보이고 가보고 싶었던지 병원 창가에서 까치발을 딛고 보던 그 풍경을 나는 지금도 잊을 수가 없다.

내가 중학교 1학년 되던 늦은 가을, 은행잎이 마구 떨어져 서울대학 병원 영안실 안마당이 온통 황금빛이 되었을 때, 나의 아버지는 파란 꽃신을 신고 하늘나라로 떠나셨다. 올망졸망한 자식은 많은데 아버지의 병원비로 남은 돈이라고는 아무것도 없는 우리 집은 그야말로 초상집이었다. 어머니는 많은 자식에 사는 것이 너무 힘들어서 죽으려고 옛날 광진교 다리를 몇 번이나 가셨다고 하셨다. 그때마다 우리가 눈에 밟혀서 죽지 못하고 다시 돌아왔다고 어머니는 훗날 말씀하셨다. 언제인가 어머니는 우리를 불러 모으시고 이렇게 말씀하셨다.

"그래도 아버지가 교육자셨는데 내가 무슨 짓을 해서라도 너희를 고등학교까지는 보내 주마. 그렇지만 대학은 엄마가 보낼 수가 없다."

정말 모질게 가난했다. 추운 겨울 얇은 교복 하나로 동상에 걸려 발이 퉁퉁 부어오르고 힘들었지만, 학교에 다니지 않으면 죽는 줄만 알고 열심히 공부했다.

우리 막내! 생각하면 가슴이 저려온다. 정말 못 얻어먹어서 그런가 깡마르고 작고 언제나 볼품이 없었다. 막내가 여덟 살 때 아버지가 돌아가셨으니 제일 불쌍하고 불쌍했다. 대학을 무척 가고 싶어 했는데 막냇동생이 대학 간다고 할 때 우리 집은 아주 기울어져 대학교 원서 살 돈이 없을 정도였다. 고민도 하고, 방황도 하고, 돌아가신 아버지를 많이도 원망했던 것 같다. 그러더니 막냇동생은 수녀가 된다며 수녀원으로 들어가 버렸다.

수련수녀 시절, 동생은 말기 암 환자들을 밤새워 간호하며 눈물을 흘리고, 양로원 가족 없는 할머니들의 수발을 들으며 고생만 하다 돌아가신 친할머니를 떠올리며 눈물을 흘리고, 수녀원 바닥을 닦고 닦으며 자기 자신을 닦고 또 닦았다고 했다. 그 어렵고 고단한 수련 기간을 꿋꿋하게 잘 이겨내고 수녀가 되던 날, 내 동생이지만 나는 천사처럼 아름다운 한 수녀님을 발견할 수 있었다. 막냇동생이 수녀님이 된 후 동생에게서 한 통의 편지를 받았다. 그 편지에는 이렇게 적혀 있었다.

"언니, 나는 아버지가 물질적으로 너무 아무것도 남기지 않고 가셔서, 너무 가난이 싫어서 아버지를 원망한 적이 많았어. 그런데 오늘 깨달았어. 아버지가 살아오시면서 나에게 얼마나 많은 것을 남겨주셨는지. 언제나 바르고 정직하고 최선을 다할 수 있는 정신력을 주셨다는 것이 너무 감사해."

편지를 다 읽고 나는 속으로 이렇게 중얼거렸다.

'나도 그렇게 생각하고 있었단다. 살다 보니 예전에 아버지가 살아가시던 그 모습을 열심히 닮아가며 사는 내 모습을 발견했으니까. 그래! 너는 역시 내 동생이야.'

나는 굽은 길을 돌고 돌아 불혹의 나이에 아버지가 가신 교직의 길을 가게 되었다. 아마도 아버지가 안 계셨더라면 선생님이 되는 길을 일찌감치 포기했을 것이다. 아버지가 살아오면서 교사로서 보여 주신 한 치의 흐트러짐이 없는 강직한 모습이 나도 모르게 내 내면에 각인되어 있었던 것 같다. 아버지와 같은 교직의 길을 가면서 아버지를 닮아가는 내 모습을 발견한다. 또한 어려운 살림이지만 끝까지 우리를 책임지고 열심히 사신 어머님의 모습도 나에게 보인다는 것을 세월이 갈수록 느끼게 된다. 자녀는 부모를 보고 배운다는 말이 점점 실감 난다.

초등학교에 20여 년 동안 근무하면서 특히 부모와 아이는 너무도 닮았다는 사실을 알게 되었다. 이제는 그것이 너무도 이해된다. 요즘 많은 부모가 사랑한다는 명분 아래 아이들이 스스로 해결해야 하는 문제를 경험할 기회를 주지 않고 뺏고 있다. 건강한 아이들이 서로 부딪치고 갈등하는 것은 자연스러운 일이다. 아이가 학교에서 조금만 친구와 싸우고 돌아오면 부모는 아이의 말만 듣고 흥분하여 쫓아온다. 시간을 갖고 생각도 해보고 친구끼리 해결할 시간을 주어야 하는데 부모가 나서서 해결하려고 한다. 그런 모습을 보고 자란 아이들은 문제가 생기면 '부모가 나서서 해결해 주는가 보다.' 하고 생각하게 될 것이다. 또한 그 자녀가 성장하여 결혼해서 그 자녀가 비슷한 문제가 생기면 아마도 내 부모가 했던 방식대로 똑같이 해결하려고 할 것이다. 아이들은 부모로부터 그렇게 배운다.

부모님들에게 말하고 싶다. 제발 아이가 생각할 수 있는 시간을 기다려 달라고. 스스로 넘어져도 일어날 수 있는 시간을 자녀에게 주는 여유를 가져 달라고. 아이를 키우는 부모는 아이에게만 공부하라고 하지 말고 아이의 성장에 맞게 부모도 배워야 한다. 그리고 항상 깨어 있어서 알아차려야 한다. 내 아이가 오늘도 부모인 나의 말과 행동을 눈여겨보고 있다는 사실을 잊지 말아야 한다. 아이는 부모를 보고 배운다.

05

모든 부모는 부모가 처음이다

며칠 전 뉴스에서 열두 살 난 초등학생을 엄마가 의자에 몇 시간씩 묶어 놓고 밥도 잘 주지 않고 때리고 학대하다 숨지는 일이 보도되었다. 또 다른 기사에서는 너무나 어린 아기를 며칠씩 혼자 방치해서 숨지게 하는 가슴 아픈 기사도 있었다. 이뿐만 아니라 부모가 아이를 학대하여 숨지게 하는 기사들이 심심치 않게 들려오고 있다. 그들도 분명히 부모일 텐데 부모가 어떻게 자기의 자녀를 학대하고 죽음으로 내몰 수 있는 것일까? 평범한 부모인 나로서는 도저히 이해되지 않는다.

요즘 사람들은 태어나서 행복하게 사는 방법을 배우는 대신 돈 잘 버는 지식을 머리에 넣는 일에만 열심이다가 어느 날 어른이 된다. 어른이 되어서는 또 돈 버는 일에 열중하고 어쩌다 보니 사랑도 하게 되고 결혼도 하게 된다. 그리고 아이를 낳아서 잘 키워야 하겠다는 생각도 하기 전에 부모가 되고 만다. 모든 부모는 부모가 처음이다. 사람들은 운전을 잘하기 위해 운전면허를 딴다거나 요리를 잘하기 위해 요리 자격증을 딴다. 하지만 정작 중요한 부모가 되는 일에는 자격증이 없다. 또한 부모가 되는데 연습하고 부모가 되는 사람은 없다. 많은 사람이 살다 보니 어쩌다 부모가 되었다고 말한다. 우리의 조상, 그 위에 조상들 모두 어쩌다 보니 어른으로 살아왔을지 모른다. 세상에서 제일 귀한 내 아이를 키우는 일에 부모는 아무런 준비가 없이 부모가 되고 육아를 시작한다.

각 분야의 고수들을 보면 자신의 분야에서 고수가 되기 위해 상상도 못 하는 고난과 실패를 경험한다. 고수는 그냥 되는 것이 아니다. 피나는 노력 뒤에 오는 것이다. 하물며 사람을 기르는 일에 왜 부모들은 배우려 하지 않는지 모르겠다. 그러나 생각해 보면 젊었을 적 나도 그랬다. 결혼하고 부모가 되면 아이는 저절로 키워지는지 알았다. 갓난아기를 낳아 놓고 어떻게 젖을 먹이고, 목욕시켜야 할지 몰라서 쩔쩔맸던 시절이 있었다. 또한 아이의 마음에 공감하기는커녕 그 작고 여린 아이를 때린 적도 있었다. 뒤늦게 상담 공부를 하면서 내가 아이에 대해 얼마나 많이 모르고 키웠던 무식한 부모였는지 알게 되면서 자괴감이 많이 들었다.

초등학교에서 20여 년 동안 근무하면서 안하무인 학부모를 만날 때가 많았다. "내가 낳은 내 아인데 내가 때리든 말든 선생님이 무슨 상관이냐?" 이렇게 말하는 부모도 있었다. 그야말로 아이를 자신의 소유물로 알고 아이의 인격은 안중에도 없었다. 그런 부모 밑에서 자라는 아이들은 열이면 열 다 불안해했다. 학교에 오면 그 불안을 해소하기 위해 다른 친구를 때리고 괴롭혔다. 그렇게 해서라도 자신의 스트레스를 풀고 자신을 인정받고 싶었던 것이 아닐까? 그런 아이일수록 마음 깊은 구석은 외롭고 자존감은 낮았다. 선생님과 둘이 마주하면 말도 잘하지 못하고 눈도 마주치지 못 했다. 자신을 알아주는 선생님에 말 한마디에 눈물부터 뚝뚝 흘렸다. 선생님이 해주는 그 말 한마디를 단 한 번이라도 부모가 진심으로 해 준다면 아이는 행복해질 수 있을 것이다. 아이들은 많은 것을 바라지 않는다. 내 부모가 나를 알아주고 인정해 주는 그 말 한마디면 행복해질 수 있다. 아이를 기르면서 당신은 어떤 부모인가?

모든 부모는 초보다. 처음 해 보는 부모 노릇에 당황도 하고 순간순간 고민도 한다. 아이가 조금만 발육이 늦으면 우리 아이만 뒤처지는 것 같아 불안해한다. 그래서 특히 엄마는 빨리 빨리라는 말을 좋아하게 된다. 그뿐인가? 아이가 조금 자라서 유치원에 가고 초등학교 들어가면 빨리 빨리 해야만 부모의 직성이 풀리는 일들이 얼마나 많은가? 참지 못하는 성질 급한 부모는 아이를 기다려 주지 못하고 모든 결정을 부모가 해 버리고 만다. 아이도 발달단계에서 스스로 생각하고 결정해야만 하는 발달 과제가 있다. 그때 부모가 다 해줘 버리면 아이가 경험해야 하는 기회를 부모가 빼앗는 것이다. 이런 부모 밑에서 자란 아이는 문제가 생기면 부모가 또 해결해 줄 거라고 기다리는 수동적인 아이가 되고 만다.

선주는 저학년 담임할 때 만난 아이다. 학교에 오면 보라색 가방을 등에 메고 그림같이 자리에 앉아 있었다. 수업 시간에도 교과서를 꺼낼 생각도 안 하고 선생님만 쳐다보고 앉아 있었다. 선생님이 다가가서 가방을 내리라고 하면 그때 서야 내리고 교과서를 꺼내라고 하면 그제야 꺼냈다. 교과서를 펴고 문제를 풀라고 하면 선생님이 시킨 그 번호만 딱 풀고 또 가만히 앉아 있었다. 선주는 하나하나 짚어 주고 하라고 해야만 하는 아이였다. 부모가 아이를 어떻게 키웠는지 물어보지 않아도 눈에 보였다. 선주는 부모가 하라는 대로 하지 않으면 비난받고 부모가 시키는 것만 해야 칭찬받는 아이로 길러진 안타까운 아이였다.

아이의 생각을 인정하지 않는 부모는 아이를 자신감 없는 아이로 만든다. 부모는 자신이 세상을 더 많이 살았고, 더 많이 알고 있다고 생각해서 자기의 생각을 아이에게 강요하려고 한다. 그런데 아이는 어른의 축소판이 아니다. 아이는 성장 시기에 맞는 생각과 행동을 해야 할 때가 많다. 부모는 아이를 못 믿어서 또는 아이가 잘못될까 봐 아이의 의견을 존중하지 않고 부모의 의견대로 해 버린다. 이렇게 되면 아이는 자신의 이야기가 받아들여지지 않는다고 생각해 입을 닫고 매사에 망설이는 자신감 없는 아이가 되고 만다.

또한 바빠서 무엇이든 정신이 없이 호들갑을 떠는 부모는 아이도 정신없게 만든다. 아이가 학교에서 돌아오면 아이가 해야 할 일을 숨도 안 쉬고 쏟아놓아 버린다.

"손 씻고 간식 먹고 학원 갔다 와서 저녁 먹고 숙제하고 책 읽어."

부모는 지금, 여기에서부터 생각하는 것이 아니라 몸은 여기 있는데 생각은 아주 멀리 가 있다. 한 곳에 집중하지 못하고 이것 했다, 저것 했다 하면서 마무리를 못 한다. 자연히 아이도 부모를 닮아 산만한 아이가 되고 만다. 진정한 시간은 지금, 현재에 있는데 말이다.

제일 무서운 것은 무관심한 부모다. 아이의 신체적 정서적 발달에 관심을 가지지 않아서 교감이 되지 않으면 아이는 부모와 긍정적 애착 형성을 못 하게 된다. 애착이 제대로 형성되지 않으면 아이는 다른 곳에서 그 허전한 마음을 채우려고 할 것이다. 스마트 폰에 빠지거나 일찍 담배나 술에서 위로를 얻으려 할 것이다. 중독에 빨리 빠져드는 아이도 다 이유가 있다.

특히 엄마가 우울하거나 불안하면 그 정서는 고스란히 아이에게 전해진다. 내 에너지 안에서 함께 살다가 나온 아이 아닌가. 엄마의 에너지는 아이에게 그대로 전해져 아이가 앞으로 살아가는 데 많은 영향을 미치게 된다.

인영이는 첫눈에 보아도 또래 아이들에 비해 우울해 보이는 여자아이였다. 인영이는 수업 종이 울리면 보건실에 가겠다고 나왔다. 처음에는 머리가 아프다고 해서 보건실에 다녀오게 했다. 두 번, 세 번 횟수가 거듭되면서 인영이는 몸이 아픈 것이 아니라 마음이 아픈 아이라는 것을 알게 되었다. 인영이는 보건실에 가면 쉬는 시간이 될 때쯤 교실로 돌아왔다. 그런 시간이 쌓이자 학습이 뒤처지는 결과가 나타났다. 어느 날 인영이가 또 보건실에 간다고 교실 앞으로 나왔다. 나는 인영이에게 이렇게 말했다.

"오늘도 머리가 몹시 아픈가 보구나. 보건실에 다녀와도 돼. 그런데 인영이가 자꾸 교실에 없으니까 선생님이 인영이 얼굴을 볼 수 없어서 매우 섭섭해. 그러니까 조금 빨리 다녀왔으면 좋겠어."

그 말을 하고 난 후 인영이에게 놀라운 변화가 일어났다. 다음 날 인영이는 시작종이 울리자 앞으로 나와서 머리가 아프다고 했다. 다른 날처럼 보건실에 다녀오라고 하니까 인영이는 고개를 가로저었다. 보건실에 가지 않고 참아 보겠다고 했다. 그러더니 죽은 듯이 조용했던 아이가 손을 들고 발표하기 시작했다. 인영이의 너무 달라진 모습에 조금 놀랐지만, 칭찬을 아끼지 않고 해 주었다. 인영이는 그동안 학습을 안 했을 뿐이지 마음을 먹자 수업에 열심히 참여했다. 연필이 없어서 볼펜으로 쓰는 인영이에게 예쁜 연필을 선물했다. 인영이는 가끔은 우울한 얼굴이 보이기도 했지만, 많이 밝아진 모습을 보였다.

어느 날 인영이 일로 연락할 일이 있어서 어머님과 통화를 하게 되었다. 어머니는 자신이 우울증을 앓고 있어서 인영이를 제대로 돌보지 못하고 있다고 미안하다며 말씀하셨다. 어머니의 이야기를 들어 드리고 위로해 드리니 어머니는 한순간 울컥하시면서 한참을 우셨다. 어머니를 설득하여 가까운 무료 상담소에서 인영이와 함께 상담받을 수 있도록 안내했다.

인영이 어머니는 한 살 때 어머님이 돌아가시고 새어머니 밑에서 자랐다. 어머님이 어려서 돌아가셔서 자신은 돌봄을 받아 본 기억이 없으며 동생이 태어나면서부터는 없는 아이 취급을 받으며 자랐다고 했다. 무뚝뚝한 아버지는 무섭고 완고하여 자신의 속마음을 한 번도 이야기해 본 적이 없다고 했다. 성장하여 아버지가 정해주는 나이 많은 사람에게 사랑도 없는 결혼을 했다고 했다. 가정을 꾸렸으나 매사에 자신이 없고 다른 사람들이 모두 자신을 비난하는 것처럼 보여 밖에 나가는 것조차 힘든 생활을 하고 있다고 했다. 1년이 지나고 인영이가 새 학년 올라갈 때쯤 어머니는 많이 좋아졌고 상담을 공부하고 싶으시다고 연락하셨다. 나는 어머님께 상담 공부를 할 수 있는 정보를 알려 드렸다.

인영이 어머니는 아이를 어떻게 키워야 하는지 자신의 어머니에게 전혀 배우지 못했다. 그런 상태에서 결혼하고 인영이를 낳았으니 아이를 어떻게 돌봐야 하는지 캄캄했을 것이다. 부모로서 아이에게 어떻게 해야 하는지 물어볼 곳도 없고 혼자 난감했을 것이다. 그렇게 산후 우울증이 와서 아이를 제대로 돌보지 못했으며 인영이는 인영이대로 엄마의 사랑을 받지 못하고 자라서 학교에 와서 자신을 받아 주는 보건실에 매일 가게 되었던 것이다.

완벽한 부모는 없다. 또한 부모를 연습하고 부모가 된 사람은 아무도 없다. 영국의 정신분석가 위니콧(Winnicott)은 다음과 같이 말했다.

"어렸을 때는 엄마가 안아주는 것이 중요하며 아이가 크면 엄마의 관심 속에 안기는 것이 필요하다."

또한 완벽한 엄마가 아니라 '이만하면 좋은 엄마(good-enough)'로 충분하다고 했다. 세상의 모든 부모는 완벽하지 못하고 부모가 처음이다. 다만 아이와 함께 성장하면서 노력하는 부모가 있을 뿐이다.

06

이상한 아이가 아니라 특별한 아이다

몇 년 전에 '승가원의 태호' 유튜브 동영상을 아이들에게 보여주었다. 동영상의 태호는 두 팔이 없고 그나마 있는 발에는 발가락이 네 개밖에 없었다. 장애가 있는 태호는 낳자마자 버려져서 승가원이라는 곳에서 기르게 되었다. 두 팔이 없어서 체온 조절이 어려워 40도가 넘는 고열을 견디면서도 태호는 너무나도 밝은 모습으로 자라고 있었다. 발가락으로 세수도 하고 밥도 먹고 옷도 입고 못 하는 것이 없다. 심지어 장애가 있는 친구에게 글씨까지 가르친다. 무엇보다 자신을 예쁘다고 당당하게 말한다. 다른 사람의 도움 없이 무엇이든지 씩씩하게 혼자 하려고 최선을 다

한다. 태호는 이상한 아이가 아니라 너무나도 귀중한 특별한 아이였다. 아이들은 동영상을 보고 자신과 너무나 다른 외모와 장애를 가졌는데도 하나도 기죽지 않고 당당하게 살아가는 태호를 보고 자신들의 모습을 돌아보게 되었다고 말했다.

사람들은 자신과 조금만 다르면 불편해하며 '그 사람은 왜 나와 다르지?' 하는 시선으로 바라본다. 아이들도 마찬가지이다. 학교에서 외모나 생각이 자신과 조금만 다르면 이상한 눈으로 바라보고 심지어는 장애인이라고 놀리기도 한다. 아이들이 다름을 인정하지 않는 사고는 누구에게서 나왔을까? 아마도 많은 부분에서 어른들의 생각과 닮았을 것이다.

부모와 아이가 서로 다른 기질을 가지고 있는 경우를 보면 부모와 아이가 서로 달라 갈등을 겪는 경우를 종종 본다. 부모는 자기의 자녀가 왜 자신과 똑같이 닮아야 한다고 생각하는 것인지 모르겠다. 자신의 성향과 다르게 태어나는 아이를 보면 답답해한다. 특히 활동적인 부모 밑에 태어나는 느린 아이를 보면 부모는 아이를 보면서 누구를 닮아서 저렇게 느려터지냐고 한심해한다. 그 느린 아이의 유전자는 아이를 보고 속상해하는 바로 부모 자신이 준 것이다. 어디인지 모르는 곳에서 뚝 떨어진 것이 아니다. 아이는 죄가 없다. 부모가 준 유전자 그대로 태어났다. 아이도 그렇게 느리게 태어나고 싶지 않았을 것이다. 바람직한 양육이란 부모는 내 아이의 다름을 인정하고 받아들이는 마음에서 출발해야 하지 않을까?

성호는 자폐 중 서번트 증후군을 가지고 있는 남자아이였다. 서번트 증후군은 일명 똑똑한 자폐다. 성호는 친구들과 소통이 되지 않는 것 이외에는 전혀 문제가 없는 아이였다. 쉬는 시간이면 성호는 제일 먼저 내 옆으로 달려왔다. 그러고는 하고 싶었던 이야기를 쉬는 시간 내내 하다 종이 치면 자리로 돌아갔다. 하고 싶은 이야기를 친구에게 해야 하는데 성호는 친구들과 소통이 안 되었다. 반면 성호의 능력은 놀라웠다. 교과서의 내용을 거의 다 외웠다. 자폐아는 사진으로 찍듯이 모든 사물을 본다고 하던데 그것이 맞는 것 같았다. 교과서를 사진처럼 이미지로 찍어서 보니 기억을 잘하는 것 같았다.

한번은 그림을 그리는데 엄마와 함께 타고 갔던 전철역을 하나도 빼먹지 않고 다 그렸다. 너무 놀라웠다. 또한 엄마와 다녀온 백화점을 층별로 기억해서 백화점 안에 있는 매장도 하나하나 다 그렸다. 성호 안에 그렇게 놀라운 능력이 있다는 사실이 더 놀라웠다. 처음에 아이들은 성호를 장애인이라고 놀리고 싫어했는데 시험을 보면 거의 다 맞는 성호를 신기한 눈으로 바라보았다. 반 아이들에게는 사람은 발달단계가 다 다른데 성호는 기억을 잘하는 부분이 다른 사람보다 많이 발달하고 다른 부분은 지금 발달하는 중이라고 말했다. 그러고는 이다음에 과학자가 되면 연구를 잘할 거라고 성호에 대한 이해를 도와주었다. 함께 놀 수 있는 친구를 만들어 주려고 노력했으나 잘되지 않았다.

어느 날 가족을 물고기로 그리는 활동을 했었다. 성호의 그림을 보고 너무 깜짝 놀랐다. 성호가 그린 가족 물고기는 가족 모두 등에는 뾰족한 가시로 무장을 했고 날카로운 이빨과 긴 혓바닥으로 다른 물고기를 잡아먹는 모습을 하고 있었다. 가족 물고기 앞에는 뼈가 수북했다. 성호의 마음에 다른 사람들로부터 받은 상처가 얼마나 깊은지 알 수 있었다. 성호는 새 학년으로 진급하고 얼마 있다 적응하지 못하고 옆 학교로 전학을 갔다. 어느 날 오후 성호는 나를 보러 교실로 왔다. 전학을 갔다고 말하며 친구가 한 명 생겼다며 다음에 함께 오겠다고 했다.

얼마 후 일요일, 전철을 타고 볼일을 보러 가는데 성호의 가족이 전철역에 있었다. 성호는 나를 보자 반갑게 뛰어와 인사를 했다. 하지만 성호의 부모는 나를 피해 다른 쪽으로 가고 있었다. 정말 오랜만에 성호를 만나서 반갑고 성호에 대해 부모님께 칭찬도 해주려고 했는데 마음이 씁쓸했다. 부모마저 자신의 아이를 인정하지 않는 것 같아서 너무 속상했다.

성호는 이상한 아이가 아니라 특별한 아이였다. 또한 능력이 많은 아이였다. 사람들이 다름을 인정하고 더불어 살아가는 마음으로 성호의 부모나 성호를 바라봐 줬다면 그렇게 상처를 입지는 않았을 것이다. 너무 마음이 아팠다. 우리 아이들은 모두 특별한 아이들이다. 세상에 태어난 것만으로도 축복받아 마땅한 귀한 존재들이다. 이상한 아이는 없다. 특별한 아이가 있을 뿐이다.

아이가 아주 어릴 때 부모는 아이가 자라는 모습만 보고도 기뻐하며 사소한 발달에도 행복한 마음으로 지켜본다. 그러나 아이가 조금씩 자라면서 내 아이가 발달단계에 따라 잘 자라고 있는지를 보지 않고 아이에 대해 이상적인 환상을 가지게 된다. 전두엽이 발달되지 않은 아이는 자신도 살아가기 위해 어떻게 해야 하는지 잘 모른다. 감정 조절이 되지 않아 자기 생각을 표현하기 위해서 바닥에 누워 떼를 쓸 때도 있다. 그런 과정을 거치면서 아이는 감정을 조절하는 법도 배우고 남과 교감하는 법도 배운다.

이런 과정은 아이가 발달 시기를 잘 겪으며 자라나고 있다는 것인데 부모는 모른다. 아이가 부모의 말을 안 듣는다고 이상하다고 생각하거나 고집이 세고 말귀를 못 알아듣는다고 한탄한다. 부모는 지금 내 아이의 심신 발달이 어떤 발달단계에 와 있는지 배워야 한다. 아직 준비가 안 된 자녀가 완벽하게 행동하기를 바라는 것은 부모의 욕심이다. 또한 부모들은 겉으로 보이는 아이의 신체적 발달이 빠르다고 정서적 발달도 빠를 것으로 생각한다. 신체적 발달보다 마음의 발달을 더 민감하게 지켜보아야 한다. 아이를 이상한 아이라고 생각하기 전에 내 아이만의 특징을 잘 관찰하고 이해해서 내 아이의 반짝이는 특별한 능력을 알아보는 부모가 되어야 한다.

너무나도 잘 알려진 과학자, 토마스 에디슨이 자랄 때 계란을 부화시키기 위해 알을 품었다는 일화는 초등학교 교과서에서도 나오는 이야기다. 내 아이가 정말 알을 품고 있다면 부모인 나는 무엇이라고 말할지 생각해 보라. 또한 알베르트 아인슈타인은 어떠했는가? 아인슈타인은 어렸을 때 발달이 늦어서 세 살 이후에 말을 했으며 초등학교도 잘 적응하지 못해 지금으로 말하면 문제아 중의 문제아였다. 아인슈타인의 아버지는 발달이 늦고 제대로 공부도 못 하는 아인슈타인이 못마땅했다. 하지만 어머니는 아인슈타인을 나무라지 않고 격려하곤 했다. 아인슈타인 자신도 자기에게 항상 긍정적인 동기 부여하기를 게을리하지 않았다. 실패를 두려워하지 않았고 다른 사람이 뭐라 하든 항상 깨어 있는 의식을 가지려 노력했다. 아인슈타인은 일찍부터 다른 사람과 생각하는 방식부터가 달랐다. 아인슈타인은 많은 사람이 생각하는 이상한 아이가 아니라 세상의 역사를 바꾸어서 놓을 만큼 재능을 가진 특별한 아이였다. 그 특별함을 제대로 볼 수 있는 눈을 가진 사람을 좀 더 일찍 만났더라면 그의 특별한 재능은 더 빛나지 않았을까?

개인 심리학의 창시자로 유명한 알프레드 아들러(Alfred Adler)는 어렸을 적 골연화증으로 네 살까지 걷지도 못하고 병약하여 병치레를 많이 했다고 한다. 초등학교 때는 공부를 잘하지 못해서 담임교사가 학교를 그만두게 하고 구두 수선공이 되는 수련을 받게 하라는 조언까지 했다고 한다. 이때 아들러의 아버지는 교사의 조언을 듣지 않고 아들을 믿고 격려하고 기다려 주었다. 아들러는 아버지의 격려에 용기를 얻어 열등감을 극복하고 1등으로 졸업하게 되었다. 또한 열등감 극복은 개인 심리학을 만드는 데 좋은 경험으로 쓰이게 되었다.

부모는 내 아이만큼은 제대로 보는 눈을 가져야 한다. 아이는 어른의 축소판이 아니다. 부모의 기대에 맞게 행동하고 생각하기를 기대해서는 안 된다. 지금 내 아이의 발달단계에 따라 잘 성장하고 있는지 살펴야 한다. 그렇다고 모든 아이가 그 발달단계를 정확하게 지키면서 자라는 것도 아니다. 늦게 피는 꽃도 있다. 부모는 아이가 마음 놓고 꽃 필 수 있도록 기다려 주어야 한다. 『후회 없는 어버이의 길』에서 저자 브리그(Doroty Corkille Briggs)는 아이의 성장은 앞으로 나갈 때도 있고 뒤로 물러 후퇴할 때도 있는 발달 모습을 반복하며 성장한다고 말하고 있다. 아이는 엄마의 뱃속에서 신통하게도 손가락 발가락 등 모든 몸을 정상적으로 만들고 부모를 닮은 모습으로 태어난다. 아이가 태어나는 것만으로도 큰 기적이다. 무엇을 더 바라야 할까? 부모가 아이를 어떤 관점으로 보느냐에 따라 아이는 그만큼 성장한다. 부모가 주는 믿음의 크기에 따라 아이는 용기를 얻고 성장한다. 부모가 이상한 시선으로 보면 아이는 정말 이상한 아이가 되고 특별한 시선으로 보면 아이는 특별한 아이가 된다. 부모는 내 아이가 이상한 것이 아니라 내가 낳은 특별한 아이임을 먼저 알아차려야 한다. 이상한 아이는 없다. 특별한 아이가 있을 뿐이다.

07

사춘기 내 아이의 뇌는 공사 중, 부모도 공부가 필요하다

새 학기가 되어 4학년 담임을 맡았을 때 반 아이 중에 성조숙증으로 한 달에 한 번씩 주사를 맞으러 가는 아이들이 서너 명이 되었다. 부모들도 처음에는 아이의 성조숙증에 대해 쉬쉬하더니 상담하러 와서 어렵게 말을 꺼냈다. 10여 전 전만 해도 없었던 현상이다. 한 반에 몇 명씩이면 우리나라 전체적으로 본다면 상당수의 어린이에게 성조숙증이 나타난다는 이야기다. 더구나 성조숙증과 함께 사춘기도 빨라지고 있다. 이제는 중2병이 아니라 초4병이라는 신종언어가 생길 정도로 사춘기가 빨라졌다. 예전에는 상상도 못 했던 현상이 벌어지고 있다. 마냥 어리게만 보였던 자녀가 생리를 시작하고 사춘기를 겪게 된다면 아이도 부모도 모두 당황스럽기는 마찬가지일 것이다.

요즘의 환경이라면 사춘기는 빨라질 수밖에 없다. 우리가 쓰는 일회용 컵이나, 화장품, 샴푸 등에 든 화학 물질도 사춘기가 빨라지는 데 영향을 준다. 특히 여자아이들을 어린 나이에 성숙하게 만든다. 또한 유전자 가공식품이나 화학 첨가물에 들어 있는 성분들도 성호르몬의 변형을 일으켜 아이들을 조기에 성숙하게 만든다. 여기에 부모가 아이에게 과도하게 요구하는 좋은 성적에 대한 심리적 불안도 성조숙을 부추긴다. 아이들의 몸은 장기간 스트레스를 받으면 위협을 느껴 빨리 성장하려고 호르몬 변화를 일으킨다. 아이를 둘러싼 요즘의 환경이 사춘기를 빨라지게 하는 다양한 원인을 제공하고 있다. 환경이 이렇다 보니 3~4학년에 성조숙증과 함께 사춘기가 오는 일들이 벌어지는 것이다.

어린 나이에 사춘기가 오게 되면 나이가 들어서 정상적으로 오는 사춘기와 똑같은 심신의 과정을 겪게 된다. 우선 신체적 변화가 눈에 띄게 나타나지만, 정서적인 부분도 많은 변화를 보인다. 일단 사춘기가 시작되면 아이는 감수성이 예민해지고 감정의 기복이 심하여 웃기도 울기도 잘하는 아이가 된다. 사춘기에는 3세까지 성인의 두 배로 과잉 생산된 뇌의 시냅스를 잘라내는 공사가 시작된다. 이때 잘려 나가는 시냅스는 성인이

1~2%인데 비하여 아이들은 15% 정도가 잘려 나간다. 대부분은 흥분에 관련된 시냅스가 반 정도로 감소한다. 그래서 사춘기를 잘 지내고 나면 전두엽이 발달하면서 차분해지는 것이다. 하지만 몸도 마음도 준비가 되지 않은 어린 나이에 그 과정을 겪게 된다면 당연히 혼란스러울 수밖에 없다.

사춘기 아이의 특징은 정서적으로 흥분과 충동적인 행동이다. 이것은 이성적인 판단과 계획 등 전반적인 것을 관장하는 전두엽이 공사 중이어서 잠시 감정을 담당하는 변연계가 전두엽의 조절 없이 역할을 대신하기 때문이다. 또한 사춘기 아이들의 특성은 부모에게 반항하는 태도를 보이는 것이다. 부모에게 반항한다는 것은 이제 부모에게서 떨어져 나가 혼자 살아갈 독립을 준비하는 바람직한 현상이다. 하지만 부모들은 당황하여 아이들을 문제의 시선으로 보면서 통제하고 억압하려고 한다. 이때 부모는 아이를 이해하고 아이의 말에 귀를 기울여야 한다. 또한 아이의 말에 공감해 주는 태도를 보여야 한다. 아이의 말은 무시한 채 '학원 가라, 숙제해라, 일찍 자라, 핸드폰 그만해라.' 계속 잔소리를 한다면 사춘기의 아이는 방문을 닫고 그다음은 마음을 닫는다.

부모가 사춘기 내 아이의 뇌 상태만 알아도 아이에게 과도한 반응은 하지 않을 것이다. 사춘기 아이는 행복을 담당하는 호르몬인 세로토닌이 어른의 40% 정도밖에 나오지 않는다. 호르몬의 변화로 아이가 매사에 짜증을 내는 것은 당연하다. 사춘기 자녀를 둔 부모라면 미리 사춘기에 대해 배워야 한다. 공부는 아이만 하는 것이 아니다. 이때 부모도 자녀에 대해 알아차리는 것이 매우 중요하다. 알아차림이 없으면 변화가 일어나지 않는다. 아이의 혼자 있는 시간을 인정하고 부모도 자신을 들여다보는 시간을 가져야 한다.

어느 봄날 아는 모임에서 부부 동반으로 등산을 갔었다. 보기보다 산이 험해서 손을 짚고 엉금엉금 기어서 산 정상까지 올라갔다. 산 정상에 올라가니 앞으로 굽이굽이 강이 흐르고 산에는 분홍색 진달래가 한창 피었다. 그 풍경이 너무 아름다워 시원하게 불어오는 바람에 땀을 식히며 올라오기를 잘했다고 생각했다. 집으로 돌아와서도 정상에서 보았던 그 아름다운 광경이 눈앞에 아른거려서 한 번 더 가고 싶은 생각이 들었다.

어느 날 전철에 앉아서 명상하는데, 나도 모르게 그 산으로 갔다. 더 놀란 것은 산 정상 공중으로 아주 편안하게 올라앉아서 멀리 강을 내려다보며 명상하게 되었다. 공중에 떠 있었는데도 내가 앉은 자리가 그렇게 탄탄할 수가 없었다. 그래서 지하철을 타면 나는 아름다운 산 위에 올라앉아서 명상한다. 명상을 하면서 한 번도 내릴 역을 지나친 적이 없었고, 명상하고 나면 머리가 개운했다. 그도 그럴 수밖에 없는 것이 우리 뇌는 상상과 현실을 구분하지 못한다. 내가 명상하면서 산에 가 있는 상상을 하면 뇌는 진짜로 산에 간 것으로 착각하고 행복 호르몬을 듬뿍 내보낸다. 어찌 행복하지 않을 수 있을까? 나는 지하철을 타고 다니는 사람들에게 핸드폰은 그만 집어넣고 '행복 명상'을 많이 하라고 권하고 싶다. 그냥 그동안 있었던 행복한 시간이나 장소를 떠올리고 오감으로 느껴보기만 하면 된다. 자녀와 행복해지려고 열심히 사는 것 아닌가? 상상만 해도 행복해지는데 이것보다 쉬운 명상이 어디 있겠는가? 명상은 이렇게 쉽다.

사춘기가 되기 전부터 자녀와 함께 명상하라고 권하고 싶다. 자녀와의 명상은 더 쉽다. 아이가 행복한 경험을 많이 할 수 있도록 부모가 함께하면 된다. 거창할 것도 없이 둘레 길을 함께 걸으면서 봄이 오는 모습, 새소리, 물소리, 바람 소리를 오감으로 느껴보면 된다. 특히 아이들은 부모의 목소리를 좋아한다. 산에 가지 못할 때는 부모의 따뜻한 목소리로 집에서 서로 손을 잡고 '숲 명상'을 하면 된다. 집에서 산에 다녀오는 효과가 톡톡히 나타난다. 마음이 편안해지고 아이와의 소통은 저절로 이루어진다. 이렇게 마음이 편안해지는 명상을 부모와 함께하면 금속으로 만들어진 핸드폰을 조금씩 멀리하게 되지 않을까? 그래서 준비했다. 부모가 아이와 명상할 때 부모가 할 수 있는 명상 멘트를. 명상 문구는 계절에 따라 장소에 따라 자연스럽게 부모의 목소리로 바꾸어 주면 된다. 잘하지 않아도 된다. 부모의 목소리로 부모와 손잡고 명상을 한다는 것 자체가 아이에게는 행복이니까.

〈'봄 숲 명상' 멘트 예〉

'숲 명상' 명상 준비 자세 : 부모와 자녀가 손을 잡고 눈을 살포시 감는다. 편안하게 숨을 들이쉬고 내쉰다. 부모의 따뜻한 목소리로 천천히 자녀를 숲으로 안내한다.

• ○○이는 지금 연둣빛 잎들이 바람에 살랑살랑 손을 흔드는 숲길을 걷고 있어.

• 잠시 걸음을 멈추고 맘껏 상쾌한 나무 향기를 들이마시며 기지개를 천천히 켜봐.

• 상쾌하게 지저귀는 새들의 소리가 귓가에 들려오고 있어 들어봐.

• 귓가를 부드럽게 스치는 바람, 찰랑이는 나뭇잎 소리가 들려오네. 들어봐.

• 숲속은 무척 쾌적하고 고요해.

• 천천히 한 발짝 한 발짝 걸음을 옮겨봐.

- 숲 안은 따뜻한 햇볕과 연둣빛 나뭇잎이 어울려 무척 평화로워. 느껴봐.
- 멀리서 계곡에서 들려오는 물소리가 아련하게 들리네. 들어봐.
- 상쾌하게 뺨에 와닿는 바람의 촉감도 느껴봐.
- 숲에서 풍기는 나무의 진한 향기를 코로 맘껏 들이마셔 봐.
- 나뭇잎 위를 걸을 때 바스락거리는 낙엽의 소리와 기분 좋은 발의 느낌을 몸으로 느껴봐.
- 우리는 아주 편안하고 평화로워. 온몸으로 느껴봐.
- 우리는 너무너무 행복해. 정말 정말 행복해. 행복한 마음을 오래오래 느껴봐.
- 명상이 끝나면 천천히 눈을 뜨고 현실로 돌아온다.

사춘기 아이를 둔 부모가 사춘기에 일어나는 자녀의 뇌 상태를 미리 안다면 자녀와의 관계를 악화시키지 않고 대처하게 될 것이다. 분노가 일어난 뒤 몸을 빠져나가는 시간은 90초라고 한다. 자녀와의 갈등이 일어났을 때 일단 부모가 마음을 알아차리는 것이 우선이다. 내가 나를 남처럼 분리해서 보는 것이다. '아이 행동에 화가 났네.' 알아차렸으면 90초 동안은 멈추고 심호흡을 하면서 한 박자 쉬는 것이다. 이때 호흡은 마음이 진정되는 데 많은 도움이 된다. 코로 숨을 천천히 들이마시고 내뱉는다. 일단 숨을 쉬는 데 집중한다. 부모가 분노를 가라앉혀야 내 아이의 상태를 객관적으로 볼 수 있다. 사춘기를 아이와 잘 지내는 방법은 소통하는 일이다. 내 아이의 뇌는 지금 공사 중이다. 알아차렸으면 달라진 내 아이의 행동을 탓하기 전에 부모인 내 마음을 잘 다스린다면 격동의 사춘기도 무사히 지나갈 수 있다.

2장

둘레길을 걸으면 성적이 오르는 놀라운 비밀

01

내 아이의 뇌파는 어떤 상태일까?

둘레길만 걸었을 뿐인데 부모들이 그렇게 좋아하는 성적이 오른다고? 말도 안 되는 소리라고 말할지 모른다. 명상은 뇌와 깊은 관계가 있다. 또한 뇌는 성적과도 떼려야 뗄 수 없는 불가분의 관계에 있다. 부모들이 뇌를 안다면 다시는 아이에게 무조건 공부하라고 윽박지르지 않을 것이다.

사람의 뇌는 다섯 가지의 전기적 뇌파를 가지고 있다. 긴장하거나 불안한 상태에 있을 때는 베타파(β)라는 조금 빠른 뇌파가 나온다. 하지만 명상 중에는 알파파(α)라는 베타파보다는 느린 뇌파가 나오는데 이 뇌파가 나오면 마음과 몸이 안정되고 편안함을 느끼게 된다. 또한 명상 중에는 알파파(α)보다 조금 더 느린 세타파(θ)가 나오기도 하는데 이 뇌파는 잠과 깨어 있는 사이의 각성 된 상태일 때 나온다. 이때 부모들이 그렇게 좋아하는 창의성이 발현되고 해결되지 않던 문제가 해결되는 경우가 있다. 즉 기존의 생각이 깨진다는 브레이크아웃(breakout)이 일어난다. 감마파(γ)는 아주 빠른 뇌파인데 아이러니하게도 수행을 많이 한 고승에게서 관찰된다고 한다. 그러고 보면 뇌파가 빠르다고 해서 불안한 것도 아닌 것 같다. 뇌 과학자들은 감마파 상태를 모든 뇌가 통합된 명상의 최고의 수준으로 보고 있다. 이제 이 책을 읽는 부모라면 뇌파가 얼마나 중요하며 내 아이의 뇌파는 어떤 상태일까? 궁금증이 생기기 시작할 것이다.

사람의 뇌파 분류

구분	진동수(hz)	나타나는 현상	특징
델타(δ)	1~4hz	수면 상태	느린 뇌파.
세타(θ) 명상 뇌파	4~8hz	각성과 수면 사이의 상태	창의성이 발현되어 문제해결이 되는 경우가 많음. 브레이크아웃(breakout)이라고 하며 명상 중 자주 나타남.
지구 주파수	7.83hz	-	아기의 뇌파와 같음. 명상 중인 사람은 지구 주파수와 공명이 일어나 안락하고 편안함을 느낌.
알파(α) 명상 뇌파	8~12hz	안정, 긴장 이완	이완되고 마음이 편안함.
베타(β)	12~30hz	걱정/불안/긴장 상태	생각이 많을 때 스트레스를 받을 때 나타남. 일상적인 생활 뇌파.
감마(ɣ)	30~50hz	깊은 주의집중 상태	명상 수련을 많이 한 고승들에게 관찰됨.

독일의 과학자 윈프리드 오토 슈만(Winfried Otto Schumann)은 1951년경 지구의 주파수가 7.83hz 인 것을 발견했다. 이 주파수는 아기의 뇌파와도 같다. 또한 이 주파수는 명상 중에 나오는 알파파나 세타파의 주파수와도 닮아 있다. 사람이 숲을 걸을 때의 뇌파는 알파파나 세타파 상태가 된다. 이때 지구의 주파수와 공명이 잘 일어난다. 아이와 봄이 오는 둘레길을 걷고 있다고 생각해 보자. 산에는 연분홍 진달래도 피고 나무에는 연초록 아기 손바닥 같은 잎들이 바람에 흔들릴 것이다. 그 광경만 생각해도 마음이 벌써 편해지지 않는가? 이렇게 둘레길을 걸으면 우리 뇌에서는 알파파나 세타파가 나도 모르게 나온다. 이때 우리 몸에서는 행복을 관장하는 세로토닌이라는 행복 호르몬이 듬뿍 나와서 행복을 느끼게 된다. 숲길은 세로토닌을 촉진하는 최고의 보물창고다. 산에 가면 괜히 기분이 좋아지는 데는 다 이유가 있다.

그럼 행복 호르몬과 성적과는 어떤 관계가 있는 걸까? 우리의 뇌는 간단하게 보자면 세 개의 층으로 되어 있다. 처음 인간도 생존에 관여하는 파충류의 뇌가 있었을 뿐이다. 사람은 포유류다. 아이를 낳고 살다 보니 감정이 생기고 긍정적 감정, 부정적 감정을 표현해야 하는 일이 많아졌다. 그래서 파충류의 뇌 위에 대뇌변연계라는 감정의 뇌가 하나 더 생기게 되었다. 살다 보니 너무 감정적으로 치우치는 일이 있어서 불편해지기 시작했다. 감정을 다스릴 뇌가 필요하여 이성적으로 전체의 뇌를 관장하는 마지막 세 번째 뇌인 대뇌피질, 즉 이성의 뇌가 탄생하게 되었다.

사람의 삼층 뇌 구조

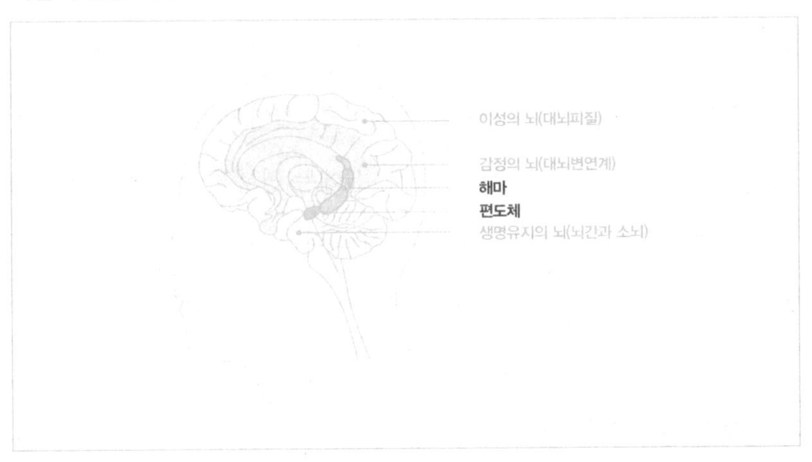

두 번째로 생긴 대뇌변연계는 감정과 관련된 일과 기억에 관련된 일을 주로 처리한다. 살아가면서 스트레스를 많이 받다 보니 이 부분이 활성화되기 시작했다. 변연계에는 모양이 바다의 해마를 닮은 기억을 담당하는 해마와 해마 끝에 감정을 담당하는 편도체가 붙어 있다. 두 개가 붙어 있다는 것은 대단히 중요하다. 놀래거나 두렵거나 하는 상황의 기억은 잘 잊히지 않는다. 편도체에 가까이 붙어 있는 기억을 관장하는 해마에 그 상황이 제일 먼저 기억되기 때문이다. 더 놀라운 것은 사람이 분노가 일어나거나 위협적인 상황에 놓이면 순식간에 스트레스 호르몬이 혈관을 타고 온몸으로 전달된다는 사실이다. 분비되는 코르티솔이라는 호르몬은 기억을 관장하는 해마의 기능을 떨어뜨린다. 해마는 감정을 담당하는 편도체의 활성화를 억제하는데 해마가 제 기능을 못 하면 편도체가 제멋대로 촉진되어 더 많은 코르티솔이 몸으로 분비된다. 이때의 행동을 나중에 돌아보면 많은 사람이 '내가 아닌 것 같아.', '미쳤었나 봐!'라고 말한다. 맞는 말이다. 화는 내가 아니라 나를 스쳐 가는 감정의 일부분일 뿐이다. 화나 분노를 나와 분리해서 제삼자의 눈으로 보면 객관적인 나를 보게 된다. 이것이 명상을 통해 나를 보는 작업이다. 명상을 하게 되면 나도 모르게 통찰이 일어나 화가 난 자기를 나라고 생각하지 않게 된다.

그럼 우리 아이들의 뇌는 어떤 상태일까? 부모가 아이를 불안한 상황으로 내몰고 공부를 안 한다고 다그치지는 않았는지 생각해 볼 필요가 있다. 아이는 부모에게 상처받으면 불안하고 어떻게 하면 부모에게 잘 보여서 살아남을까만 생각하게 된다. 오직 성적만 중요한 부모는 아이가 100점을 받지 못하면 책망하고 다른 아이와 비교하는 말을 아무렇지도 않게 하게 된다. 시험을 못 보았을 뿐인데 무슨 큰일이 난 것처럼 아이에게 수치심을 느끼게 한다. 수치심은 자신의 존재를 부정하게 만든다. 인간이 가져서는 안 되는 최악의 마음이다. 그 말이 내 아이의 뇌를 변형시키는지도 모르고 부모는 아이에게 한다. 부모의 잔소리가 듣기 싫은 아이의 청각 부분을 담당하는 뇌는 두꺼워져 있다고 한다. 참 놀랍지 않은가? 아이는 살아남기 위해 스트레스를 되도록 덜 받기 위해 스스로 뇌를 변형시킨다. 그래서 남의 말을 잘 못 듣게 되는 악순환을 겪게 된다. 이것은 뇌를 변형시키는 극히 일부분의 예이다. 아이가 마음 편하게 공부할 환경을 부모가 다 망쳐놓고 아이만 책망한다. 불안한 상태에서는 기억을 관장하는 해마는 위축되어 제 기능을 다하지 못한다. 아이는 공부를 잘하려고 해도 잘할 수가 없게 되는 것이다. 아이는 공부가 싫어지고 자신을 알아주는 세계와 연결된 핸드폰에 매달릴 수밖에 없다.

몇 년 전 담임교사를 할 때 서로 친하게 지내는 여학생 둘을 만났다. 삼월부터 둘은 같이 등교하고 하교도 같이했다. 둘 다 그림도 잘 그리고 책도 좋아하고 성적도 좋았다. 어느 날 핸드폰을 가지고 있는 학생을 조사하는데 두 아이 모두 핸드폰이 없었다. 조금 의외였다. 또 둘은 학원도 다니지 않는다고 했다. 어느 일요일 아침 나는 앞산에 가려고 산 입구에 들어섰는데 그 여학생 두 명이 다른 아이들 몇 명과 함께 숲 해설사에게 설명을 듣고 있었다. 방해가 될까 봐 그냥 지나쳐 산으로 올라갔다. 다음 날 물어보니 한 달에 한 번씩 선생님이 오셔서 산과 들로 다니면서 자연에 있는 풀과 나무에 대해 배우기도 하고 둘레길을 걷기도 한다고 했다. 나는 그 두 아이의 부모가 궁금해지기 시작했다. 아이들은 핸드폰이 없어도 하나도 주눅 들지 않고 당당한 모습이었다. 핸드폰이 없어도 괜찮다고 했는데 정말 괜찮아 보였다. 핸드폰이 없으면 불안해하는 다른 아이들과는 아주 달랐다. 두 부모님은 아이를 자연적으로 키우고 있었다.

또 아이와 자주 대화하면서 영화도 보러 가고 그림 전시회도 가면서 다양한 경험을 쌓게 해주고 있었다. 요즘에 보기 드문 부모를 만났다. 아마도 그 두 여학생은 오래도록 좋은 친구가 될 것 같았다. 학교에서 나와 함께하는 명상도 너무 편안해하며 즐겼다. 그 아이들이 지은 시가 지금도 생각이 난다. 순수하고 자신을 알아가는 그 아이들의 맑은 눈동자가 생각이 난다. 아이들을 다른 사람과 비교하지 않고 소신 있게 기르는 그 부모님의 당당함이 돋보였다. 아이들도 부모를 닮아 자존감이 반짝반짝 빛나는 아이들로 멋지게 성장할 것이다.

〈아이들이 쓴 '숲 명상' 시〉

명상의 숲

예쁜 숲에 어서 오세요.
나뭇잎이 흔들흔들
꽃들의 대화가 왔다 갔다.

새의 노랫소리가
들리는 곳
편안한 명상의 숲.

눈을 감으면

눈을 감으면
내 눈 앞에 펼쳐지는 커다란 숲 하나가

눈을 감으면 느껴지는 숲의
상쾌한 공기가

눈을 감으면 보이는 키가 큰
나무 여러 그루가

또다시 눈을 감으면 훤히
비치는 내 마음.

자, 이제 둘레길을 걸으면 왜 성적이 오르는지 해답이 되었을 것이다. 아이와 좋은 관계를 원한다면 먼저 둘레길부터 걸으라고 말하고 싶다. 처음부터 아이를 힘들게 억지로 끌고 가서는 안 된다. 산에 가는 것도 중요하지만 아이와의 대화가 더 중요하다. 처음에는 산 초입에만 가고, 다음에는 중간까지 가고, 시간을 두고 아이가 적응할 수 있도록 기다려 주어야 한다. 20여 년을 학교에서 아이들을 만나고 경험한 것은 행복한 아이는 절대로 남을 괴롭히지 않는다는 것이다. 또한 부모의 가치관에 따라 시험점수에 연연해하지 않는다는 것이다. 행복은 성적순이 아니다. 내 아이가 행복해지는 일, 오늘부터 자녀와 함께 둘레길을 걸어라.

02

내 아이가 늦게 피는 꽃일 수도 있다

나는 주말이면 산에 가는 것을 좋아한다. 거창한 산도 좋지만 별다른 준비가 없이 편하게 갈 수 있는 앞산을 좋아한다. 산을 좋아해서 그런가 이사 가는 곳마다 가까운 곳에 산이 있었다. 산에 갈 때면 천천히 걸어가며 꽃도 보고 새소리도 듣고 하늘도 보니 안 보이는 것들이 눈에 보이기 시작했다. 한 번은 가을에 다람쥐가 나무 구멍에 도토리를 모으면서 겨울을 준비하는 모습을 보게 되었다. 좀처럼 보기 힘든 광경이었는데 그 다음부터는 다람쥐 집을 몰래 보러 산에 가는 나만의 비밀이 생기기도 했다. 그런데 산에 가면 꼭 늦게 피는 꽃을 만났다. 계양산에 갔을 때도,

소래산에 갔을 때도 철모르고 핀 진달래가 있었다. 다른 나무들은 가을을 준비하는데 진달래는 가을이 봄인 줄 알고 피어 있었다. 봄이든 가을이든 꽃은 꽃이다. 혼자 꽃 피우느라 얼마나 애를 썼을까? 가을에 핀 진달래를 보면서 나는 내 모습을 보았다.

나도 늦게 피는 꽃이었다. 늦게 피어도 너무도 늦게 핀 꽃이었다. 나의 20대는 참으로 우울하고 절망적이었다. 아버지는 내가 중학교 1학년쯤 시름시름 앓다 돌아가셨다. 집안은 기울대로 기울어 대학은 꿈도 못 꾸게 되었다. 적성에 맞지도 않는 상업학교를 나와 일찌감치 취직해 돈을 벌기 시작했다. 그때 나도 아버지의 뒤를 이어 선생님이 되리라던 꿈은 아주 사라져 보이지 않았다. 우울하고 희망이 보이지 않는 똑같은 날들이 답답하게 흘러가고 있었다. 어느 눈 내리던 겨울날 회사에서 너무 답답하여 9층 베란다로 나갔는데 하늘에서 탐스러운 눈꽃송이들이 바람을 타고 하늘하늘 내리기 시작했다. 먼 하늘에서 자유롭게 바람을 타고 여기저기 내리는 모습이 너무 아름다웠다. 순간, 나도 저 눈송이처럼 구층에서 뛰어내리면 아름답게 훨훨 날아갈 것은 묘한 기분이 들었다. 아마도 자살하는 사람이 이래서 뛰어내리나보다 하는 생각이 퍼뜩 들었다. 얼른 정신을 차리고 안으로 들어와 내가 무의식중에 죽음을 생각하고 있었다는 것을 깨닫게 되었다.

그때쯤 친구가 우울해하는 나를 명상 강의가 있다며 데리고 갔다. 그

날이 내 인생의 터닝 포인트가 된 날이다. 사람이 자신의 마음을 컨트롤할 수 있다는 새로운 사실을 알게 되었다. 그날 이후 나는 명상을 하면서 나의 꿈이 이루어진 모습을 생생하게 상상하게 되었다. 어려운 시험을 보러 갈 때도 전날 명상으로 미리 시험 보는 내 모습을 상상해 보고 긍정적인 에너지를 듬뿍 채우고 갔다.

결과는 놀라웠다. 상상 외로 말도 안 되는 결과들이 나왔다. 상업 고등학교를 나온 내가 초등학교 준교사 시험에 붙어서 교사의 길을 가게 된 것이다. 시험을 보러 갔을 때 운동장에는 전국 각지에서 모인 사람들이 구름처럼 많이 있었다. 그중에서 100여 명을 뽑는 시험에 붙은 것이다. 그러면서 차츰 나를 들여다보게 되었고 불혹이 되어서야 '나는 나구나.' 하는 깨달음을 얻게 되었다. 그 후 명상을 좀 더 깊게 공부했고 상담하기 위해 대학원에 가게 되었다. 지금은 명상을 활용한 상담을 하고 있다. 나에게 있어서 명상은 나를 살게 하고 어려운 환경에서 꿈을 포기하지 않고 이루게 해 준 고마운 마음공부였다.

꽃은 뜨거울 때 핀다. 언제 피든 절정일 때 핀다. 모든 꽃이 같은 시기에 핀다면 얼마나 재미없겠는가? 꽃은 피는 시기가 조금씩 다 다르다. 자신이 꽃필 시기에 알아서 꽃을 피운다. 언제 피든 꽃은 꽃이다. 내 아이가 언제 꽃을 피울지 부모는 기다려 주어야 한다. 다른 꽃이 피는데 너는 왜 안 피느냐고 닦달한다면 자신만의 꽃을 제대로 피울 수 없다.

나도 철 지난 늦은 나이에 꽃을 피우려고 얼마나 애썼는지 모른다. 그래서 늦게 피는 꽃의 아픔을 누구보다 잘 안다. 늦게 피든, 일찍 피든 꽃은 꽃이다. 아름답고 귀한 꽃이다. 내가 만난 진달래는 꼭 한 송이씩 피어 있었다. 늦게 피는 꽃도 알아보면 다 사연이 있을 것이다. 그냥 기다려 주는 시간이 필요할 것 같다. 기다려 주는 것이 부모의 역할이다. 내가 늦게 선생님이 되었을 때 어머니는 무척 애썼다고 하면서 내 등을 두드려 주셨다. 아버지도 살아생전에 글을 잘 쓴다며 이다음에 시인이 되라고 말씀해 주셨었다. 나는 내가 늦은 나이에 꿈을 이루게 된 것은 자라면서 나를 인정해 주고 격려해 준 부모님 덕분이라고 생각한다. 진정한 부모가 되는 것은 자녀를 기다려 줄 줄 아는 마음에서 시작한다.

아주 늦게 자신의 꿈을 찾아 꽃을 피운 사람은 외국에도 있었다. 얼마 전 유튜브에서 마틴 허켄즈(Martin Hukens)가 부른 〈유 레이스 미 업(You raise me up)〉 동영상을 보고 마음이 뭉클했다. 이 사람은 어려서 오페라 가수가 되는 것이 꿈이었다고 한다.

어린 시절 집안이 몰락하면서 35년 동안 빵을 구우며 살아온 사람이다. 늦은 나이에 빵을 굽는 직장에서도 실직당하고 먹고살기 위해 거리에 나서서 자신의 노래를 하기 시작했다. 57세에 〈홀란드 갓 탤런트〉에서 우승하면서 자신의 꿈을 이룬 사람이다. 이 사람이 부른 노래 가사에 담긴 뜻도 정말 따뜻하다.

〈나를 일으켜 주소서〉

'내 영혼이 힘들고 지칠 때 괴로움이 밀려와 나의 마음을 무겁게 할 때
나는 여기에서 고요히 당신을 기다립니다.
당신이 내 옆에 와 앉을 때까지
당신이 나를 일으켜 주시기에 나는 산에 우뚝 서 있을 수 있고
당신이 나를 일으켜 주시기에 나는 폭풍의 바다도 건널 수 있습니다.'
(중략)

인생은 예기치 않은 곳에서 터닝포인트가 되는 경우가 종종 있다. 이 사람도 실직당하지 않았더라면 자신의 꿈을 영영 찾지 못했을 것이다. 그러고 보면 인생을 너무 낙관적으로 볼 필요도 또 비관적으로 볼 필요도 없는 것 같다.

부모도 아이도 다른 사람을 칭찬해 본 경험은 많이 있지만, 자신을 칭찬해 본 적은 별로 없다. 아이들은 다른 사람은 칭찬해 보았지만, 자신은 '나는 못 하는 사람'이라는 마음을 가지고 있어서 자신을 인정하거나 많이 칭찬하지 않는다. 칭찬은 남에게 하는 것이라는 생각을 지니고 있으니 자신을 사랑하지 못하고 자존감이 자꾸 낮아진다. 그 낮은 자존감은 많은 부분이 부모로부터 받은 경우가 많다. 자신에게 당당한 사람은 조

급해하지 않는다. 사람을 인정하고 기다려 줄 줄 안다. 부모나 자녀가 명상을 통하여 자신을 칭찬하고 안아주는 연습을 할 필요가 있다.

나를 사랑할 줄 아는 사람이 남도 사랑할 수 있다. 부모님과 아이들에게 '사랑해' 명상을 알려주고 싶다. 학교에서 아이들과 '사랑해' 명상을 해보았다. 아이들은 그동안 몰랐던 자신을 사랑하는 법을 알게 되고 자신이 그렇게 귀한 존재인지 몰랐다고 이야기한다. '사랑해' 명상은 빛과 사랑으로 심적, 내적 신체의 모든 곳이 정화되고 통합할 수 있는 최고의 명상법이다. 언제 어디서나 할 수 있는 쉽고 간단한 명상이다. 자신의 존귀함을 느낄 수 있는 명상이다.

〈사랑해 명상〉

명상 준비: 눈은 살포시 감는다. 코로 숨을 서서히 들이마시고 입으로 천천히 내쉰다.

부모와 아이가 손을 잡고 부모의 따뜻한 목소리로 아이를 안내한다.

〈'사랑해 명상' 부모 멘트 예〉

"따뜻한 황금색 빛이 내 몸을 포근히 감싸고 있다고 상상해 봐."

"진심 어린 마음으로 자신에게 말해봐."

"나는 내가 좋습니다."

"나는 내 자신이 정말로 좋습니다."

"나는 내 자신이 정말 자랑스럽습니다."

"나는 나를 사랑합니다."

"사랑해!"

"사랑해!"

"사랑해!"

자녀를 키우는 부모는 내 아이가 자라서 무엇이 될지 부모의 잣대로 미리 재고 생각해서는 안 된다. '하지 마라.', '그것은 안 된다.' 부모가 자녀에게 함부로 할 말이 아닌 것 같다. 내 아이가 자신의 힘으로 꽃을 피울 때까지 묵묵히 기다려 주고 격려해 주는 것이 부모의 몫이다. 기다림을 알아가는 것이 부모라고 누군가 말했다. 내 아이는 늦게 피는 특별한 꽃일 수도 있다. 부모는 조급해하지 말고 기다려 주어야 한다.

03

행복해지는 데도 연습이 필요하다

사람들은 저마다 행복을 꿈꾸며 산다. 어떤 사람은 돈을 많이 버는 것이 행복일 수 있고 어떤 사람은 명예가 높아지는 것이 행복일 수 있다. 아이들도 모두 부모와 행복한 날들을 꿈꾸며 살고 있다. 하지만 현실의 초등학생들은 사회가 급변하고 교육이 입시 위주로 흘러감에 따라 시간에 쫓기듯이 학교로 학원으로 다닌다. 그 모습에서 행복한 모습은 찾아보기 어렵게 되었다. 이런 상황에 부모의 과도한 교육열이 더해지면서 일찍부터 스트레스와 심리적 불안감을 안고 살아간다. 또한 경쟁해야 하는 분위기 속에서 절망감을 경험하기도 한다.

최근 〈한국방정환재단〉이 연세대학교 〈사회발전연구소〉 염유식 교수팀에 연구 의뢰한 어린이 · 청소년 주관적 행복 지수 국제 비교 연구를 보면 2021년 우리나라 학생들의 점수는 79.50점으로 2년 전 조사에 비해 9점 감소하여 OECD 22개 국가 중 최하위를 기록했다. 학생들이 행복의 요건을 선택한 항목을 보면 행복의 요소로 '관계적 가치'를 선택한 학생은 '물질적 가치'를 선택한 학생들에 비해 '행복 지수'가 높았다. 즉, 가족이나 친구의 가치를 중요하게 여기는 사람은 행복 지수가 높았고 반면 돈이나, 성적, 자격증 등을 선호하는 학생의 행복 지수는 낮았다. 이러한 상태는 중 · 고등학생으로 올라갈수록 증가하는 모습을 보였다. 이것이 우리나라 학생들의 행복감 현실이다.

아이들은 행복해지는 데 많은 것이 필요하지 않다. 문제는 부모가 부모의 만족을 위해 아이에게 요구하는 사항들이 많다는 것이 문제다. 아이는 부모의 만족을 위해 태어나지 않았다. 왜 아이가 공부를 잘해야만 부모는 행복한 것일까? 부모는 아이가 그렇게 스트레스를 받으며 행복해하지 않는데도 끊임없이 100점을 요구한다. 부모는 아이였을 때 100점만 맞는 우등생이었을까? 아마도 그렇게 공부를 즐겨한 부모는 드물 것이다.

아이는 부모에게 온 선물이다. 처음 태어났을 때 얼마나 부모를 행복하게 해주었는가? 존재만으로 기쁨이었다. 그렇게 잘 웃던 우리 아이,

지금 아이의 얼굴을 들여다보라. 아이가 행복한 마음이 들면 부모가 시키지 않아도 아이는 스스로 공부한다. 행복하지 않은 아이는 공부를 잘할 수 없다. 불안해서 스트레스만 받을 뿐이다.

예전에는 중간고사, 기말고사가 초등학교에도 있었다. 6학년 담임을 하고 있을 때 우리 반은 3월 초부터 일찌감치 명상으로 아이들이 차분해져 있었다. 과학을 맡아서 가르치는 과학 전담 선생님이 어느 날 교실로 오셨다. 중간고사를 보았는데 우리 반이 다른 반에 비해 평균 10점이 높아서 처음에는 잘못 채점했는지 알고 다시 살펴보았다고 한다. 아이들이 명상으로 집중력이 올라가니 성적이 다른 반보다 높게 나온 것은 이상한 일이 아니었다. 아이들은 담임인 나와 1년 동안 명상하며 지내고 다음 학년으로 진급할 때면 부모가 함께 명상을 함께 해주었으면 좋겠다고 이야기했다.

내 아이가 집중력이 올라가고 행복해진다는데 명상하지 않을 부모는 없을 것 같다. 명상하고 싶어도 어떻게 할지 몰라서 망설이는 부모를 위해 자녀의 집중력도 올라가고 행복해지는 '행복 명상'을 준비했다. 부모는 무조건 공부하라고 점수에 목숨 걸지 말고 자녀와 좋은 관계를 유지하는 것이 우선이다. 마음이 행복해진 아이는 스스로 자신의 꿈을 이루기 위해 노력한다.

200여 년 전 프랑스의 약학자 에밀 꾸에(Emile Coue)가 환자의 증상을 치료하는 데 상상을 사용하였다. 꾸에는 상상의 힘이 정신력의 힘을 훨씬 넘어설 수 있다고 믿었다. 의도적인 정신력에 의해서는 긴장이 이완 상태가 되기 힘들지만, 상상에 의해서는 긴장 이완이 쉽게 일어난다는 것을 이용했다. 즉 명상하면서 상상으로 생생하게 이미지를 떠올려 몸의 반응을 끌어내는 방법이다. 긍정적 이미지는 뇌에서 천억 개의 뉴런이 현실로 실현되기 위한 신경회로를 찾는다고 한다. 이렇게 행복 명상은 행복한 상상만으로도 행복해지는 명상이다.

'행복 명상'은 쉽고 간단하다. 행복했던 장소나 행복했던 때를 상상하여 오감으로 느껴보기만 하면 된다. 자, 손바닥에 레몬 한 조각이 있다고 상상해 보라. 그 레몬 조각을 입에 넣고 씹는다고 상상해 보라. 생각만으로도 벌써 입에 침이 고일 것이다. 이렇게 우리의 순진한 뇌는 상상만 하여도 현실로 착각을 하고 몸에 반응을 일으킨다. 괴로운 생각도 마찬가지이다. 생각하는 것만으로도 뇌는 괴로운 상황을 지금 경험하고 있다고 받아들여서 불안한 반응을 몸으로 보낸다. 그런데 사람은 참 이상하다. 생각하지 말아야지 하고 생각하면 그 생각이 더 떠오른다. 그냥 생각이 흘러가도록 자연스럽게 놔두어야 한다. 다행스럽게도 행복한 생각이 많아지면 부정적 생각을 덮을 수 있다. 기억이 없어지기는 쉽지 않다. 다만 부정적 상황이 떠올라도 부정적 영향을 주지 않게 되면 된다. 꾸준히 명상하면 가능한 일이다. 사람은 너무도 정교하게 잘 만들어진 신의 작품이다. 얼마나 다행인가? 행복해지려면 행복했던 순간을 생각만 해도 행복 호르몬이 몸으로 배출되니 행복 명상은 이렇게 쉽다. 부모와 자녀가 쉽게 함께할 수 있는 행복 명상을 자세하게 알려 드리려 한다.

〈행복 명상〉

1단계: 자세를 편안한 자세로 앉는다. 머리는 곧게 앞을 향하고 눈은 살짝 감는다.

2단계: 코로 숨을 들이마시고 천천히 내뱉는다. 세 번 반복한다.

(초보자는 명상음악을 들으며 온몸을 편안하게 이완할 수 있다).

3단계: 자녀와 손을 잡고 부모의 따뜻한 음성으로 행복했던 장소나 장면으로 안내한다.

(행복한 장소에서 생생하게 느끼고, 듣고, 만지고, 냄새 맡고, 마음의 눈으로 바라본다.)

〈'바닷가 명상' 엄마 멘트 예〉

• 엄마와 ○○이는 지금 꽃들이 피어 있는 바닷가 의자에 앉아 있어.

• 따사로운 햇볕이 따뜻하게 엄마와 ○○이를 비추고 있고 멀리 보이는 푸른 바다는 너무 평화로워.

• 잔잔한 파도 소리가 자장가처럼 들려오네. 파도의 소리를 들어봐.

• 부드러운 바람이 뺨을 스치며 지나가네. 바람의 부드러운 손길을 느껴봐.

• 하늘을 쳐다봐. 파란 하늘에는 흰 구름이 천천히 평화롭게 흘러가네.

• 멀리서 아이들의 해맑은 웃음소리가 들려오네, 들어봐. 갈매기 소리도 들려. 들어봐.

• 따사로운 햇살이 엄마와 ○○이를 포근히 감싸주네. 온몸으로 느껴봐.

• 아! 엄마와 ○○이는 아주 평화로워.

• 아! 엄마와 ○○이는 정말 편안해.

• 아! 엄마와 ○○이는 너무너무 행복해.

• 편안하고 행복한 마음을 온몸으로 오래오래 느껴봐.

(상황에 따라 시간을 조절하여 명상한다.)

• 명상이 끝나면 손가락과 발가락을 움직이며 현실로 돌아온다.

아이는 부모의 소유물이 아니다. 우리나라 부모들은 유교의 영향으로 아이를 자신의 소유물로 여기고 아이의 인생을 마음대로 좌지우지하려고 하는 경우가 많다. 아이는 부모에게 태어나서 큰 기쁨을 주는 존재다. 부모는 아이가 잘 자라서 독립할 수 있도록 돌봐주는 역할까지다. 아이를 독립된 존재로 인정해 보라. 부모와 자녀 사이에 건강한 경계가 생기면서 편안해진다. 선택은 아이가 하고 부모는 아이를 지켜보고 격려하는 방식으로 바뀌어야 한다. 아이가 부모의 맘에 들지 않는다고 아이의 마음에 상처를 준다면 아이는 성장해서도 자신감 있게 자기의 삶을 살지 못한다. 꽃밭의 꽃도 가꾸지 않으면 예쁘게 피지 못한다. 사람 마음의 꽃밭도 잘 가꾸어야 행복해질 수 있다. 시간 나면 행복했던 순간을 상상하라고 말하고 싶다. 나머지는 몸이 알아서 행복하게 만들어 줄 것이다. 행복해지는 데도 최소한의 행복 연습이 필요하다.

〈뇌파가 안정되는 음악 명상 TIP〉

'명상음악은 내 친구!' 음악 명상 실천 방법

- 세 번 숨을 들이쉬고 내쉬며 편안한 마음을 갖는다.
- 3분 정도 아이와 명상음악을 듣는다. 오직 음악에만 집중한다.
- 평상시에 잔잔한 명상음악을 항상 곁에 두고 듣도록 한다.
- 몸과 마음이 저절로 편안해지는 변화를 느껴본다.

04

마음 알아차리기, 내려놓기, 비우기

몸은 여기에 있는데 생각은 천 리를 헤매고 다니던 경험을 누구나 한 두 번쯤은 해 보았을 것이다. 아니 습관적으로 그렇게 사는 사람도 있다. 다만 자신이 그런 상태라는 것을 알아차리지 못하고 사는 것뿐이다. 변화가 일어나려면 제일 먼저 알아차려야 한다. 알아차려야 내려놓을 수 있고 내려놓아야 비울 수 있다. 요즘의 추세는 마음 챙김이다. 얼마나 마음이 제멋대로 이리저리 돌아다녔으면 마음을 챙기라고 할까? 상담 이론도 알고 보면 거의 다 자신을 알아차리는 명상이 기본으로 들어가 있다. 알아차리지 못하면 깨달음도 일어날 수 없으니 말이다. 아무리 바빠도 여유를 가지고 나를 알아차리지 않으면 나를 영영 잃어버리게 될지도 모른다.

명상은 몸과 마음을 행복하게 만드는 좋은 처방이다. 매 순간 온전히 깨어 있어서 지금, 현재의 마음을 알아차리는 의식이다. 순간 나타났다가 사라지고 또 나타나는 생각들을 그대로 판단하지 않고 알아차리며 흘려보낸다. 현대의 명상은 가부좌하고 가만히 앉아서 하는 명상이 아니다. 활동하거나 어떤 곳에 있더라도 자기 행동에 집중하고 자신의 마음을 알아차리면 명상이 된다. 명상은 너무도 쉽다. 걸어갈 때, 운전할 때, 음식을 먹을 때, 청소할 때, 잠자리에 들 때 자기 행동에 주의를 집중하는 것이다. 집중할 때 나의 마음과 몸은 어떤 느낌인지 관찰하는 것이다. 집중하다 잡념이 들면 그냥 흘러가도록 내버려 두면 된다. 그리고 다시 지금, 현재로 떠도는 생각을 가져온다. 명상은 얼마나 잘하느냐가 아니라 알아차리는 마음으로 무엇인가를 하고 있다는 것이 중요하다.

명상을 하는 중에 우리의 뇌는 행복을 담당하는 부위는 활성화되고 대부분의 뇌 부위의 활동은 감소된다. 명상을 하는 사람은 좌측 전전두엽의 기능이 올라가 행복감을 느끼게 된다. 사람이 자기 몸을 자신의 의지대로 다 할 수 있는 건 아니다. 내 의지로 바꿀 수 없고 몸이 자율적으로 알아서 하는 기능도 있다. 미국의 허버드 벤슨 박사 연구진은 달라이

라마(Dalai Lama)의 선처로 티베트 고승 세 사람에게 손가락, 발가락 온도를 명상하면서 올리는 실험을 하였다. 세 명의 고승 모두 손가락 발가락의 온도가 7~8도 올라가는 결과를 가져왔다. 명상이 인간의 힘으로 조절하지 못한다는 부분까지도 조정이 가능하다는 것이 밝혀졌다. 이 사실이 1982년 과학잡지 〈네이처〉에 실리면서 명상의 대단한 효과가 알려지기 시작했다. 특히 여러 질병 치료에 활용되면서 효력이 입증되기도 했다.

우리 주위에는 행복을 미루고 사는 사람들이 많다. '아파트를 사면 행복해질 거야, 내 자녀가 일등을 하면 행복해질 거야, 월급을 많이 타면 행복해질 거야.' 등 조건을 걸고 행복을 미루고 산다. 이런 사람들은 자신이 원하는 것이 이루어진다고 해도 또 다른 욕구가 나타나기 때문에 행복해지기가 어렵다. 행복은 물질에 있지 않다. 자녀의 성적에 있는 것도 아니다. 과거나 미래가 아니라 지금, 현재에서 느낄 수 있는 행복을 알아차려야 한다. 행복의 조건을 내려놓고 욕심으로 가득 찬 마음을 비우면 비운 곳에 나도 모르게 행복이 찾아와 자리하게 된다. 아무런 판단 없이 지금, 이 순간에 집중하고 조용히 바라만 봐도 마음은 평화로워진다. 내려놓아야 비울 수 있다. 알아차리고 내려놓아야 행복해질 수 있다.

잠시 걸음을 멈추고 보면 보이지 않았던 것들이 보이기 시작한다. 돌틈에 일찍 핀 노란 민들레꽃, 아이들이 놀다 돌아간 놀이터의 고요함, 예쁜 커피숍에서 풍기는 갓 내린 커피 향기, 나무에 모여 앉아 밤을 준비하는 참새들의 수다. 나도 모르게 마음의 빈자리에 일상의 소소한 행복들이 안개처럼 스며들어 올 것이다. 어찌 행복해지지 않을 수 있을까? 돈도 명예도 바뀐 것이 아무것도 없는데 그냥 사는 것 자체가 행복해진다. 명상은 거창한 것도 어려운 것도 아니다. 내가 나를 조금만 알아차리고 내려놓고 나를 비우면 된다. 그러면 행복은 자동으로 비어 있는 내 마음으로 온다.

태주는 학기 중에 전학을 온 남자아이였다. 전에 학교에서 무슨 일이 있었는지 별로 좋지 않은 상태에서 전학을 온 것 같았다. 전학을 온 날부터 수업 중에 시끄러운 소리를 내고 아이들과 싸우기도 했다. 급식 시간에는 새치기하고도 아무렇지도 않게 굴었으며 수업 중 수업은 뒷전이고 떠들기에 바빴다. 어느 날 수업 중에 책상을 계속 두드리며 소리를 냈다. 도저히 수업할 수가 없는 상태였다. 수업이 끝나고 태주를 연구실로 데려갔다. 태주는 이미 혼나는데 이골이 난 아이 같았다. 당연히 선생님이 자신을 혼낼 것으로 생각하고 얼굴이 굳어 있었다. 나는 태주에게 선생님이 혼내려고 데려온 것이 아니고 태주가 책상을 쳐서 소리를 낸 데에는 이유가 있을 것 같아서 태주의 이야기를 듣고 싶다고 했다. 태주가 이야기해 주어야 선생님이 태주를 더 잘 이해할 수 있을 것 같다고 말했다.

태주는 혼내지 않고 자신의 이야기를 들어주겠다고 하자 의아해했다. 태주는 처음에는 머뭇거리는 것 같더니 거침없이 이렇게 말했다.

"저 원래 그런 놈이에요." 아이의 입에서 나올 만한 말은 아니었다.

"선생님이 보기에 태주는 그런 아이가 아니라 잘 할 수 있는 능력이 있는 아이로 보여. 또 다른 사람이 그렇게 말해도 속상할 텐데 태주가 자기 자신을 원래 그런 놈이라고 하면 태주 속에 있는 원래 순수한 태주는 얼마나 슬플까?"

태주는 순간 나를 멍하니 쳐다보았다.

"정말 선생님이 보기에 제가 진짜 능력이 있는 아이로 보이나요?"

"그럼, 저번 과학 시간에 복습할 때 선생님이 묻는 말에 태주 혼자 대답했잖아? 그때 선생님은 태주를 다시 보았는데? 태주는 수업 시간에 책상을 치면서 '나 여기 있어요.'라고 하지 않아도 존재감이 드러나는 아이야. 그러니까 수업 중에 책상을 칠 필요가 없는 것 같아."

이야기를 듣고 있던 태주는 놀랍게도 자신을 찾고 싶다고 했다. 다음 날부터 태주의 수업 태도는 180도로 달라져 있었다. 영어 전담 선생님이 태주 때문에 수업 중에 힘들어하셨는데 달라진 태주를 보고 태주에게 무슨 일이 있었느냐고 찾아오셨다. 태주는 자신이 달라져야 한다는 깨달음이 있었으므로 변화될 수 있는 동기가 생긴 것이다. 아버님께 태주의 변화되려고 하는 마음을 이야기하고 무료 상담하는 곳에서의 상담을 권했다. 아버지는 난색을 보이며 자신이 잘 타이르겠다고 하며 상담받지 않겠다고 하셨다. 아버지가 아마도 그동안 수없이 태주의 부정적 행동에 대해 말했을 것이다. 그동안 변화가 없었던 것은 태주가 변화될 아무런 이유를 찾지 못했기 때문이다. 태주가 이번 기회에 상담을 잘 받는다면 아마도 앞으로 살아갈 인생에 많은 부분을 도움받을 수 있었을 것 같았는데 너무 안타까웠다. 학교 밖 상담은 하지 못하게 되었지만, 태주를 도울 방법을 생각하고 담임인 내가 태주를 돕기로 마음먹었다.

아버님께 간곡하게 설명하고 어렵게 허락을 받아 태주를 방과 후에 남겨서 교과 보충과 함께 상담을 시작했다. 기준을 낮추어 학습의 부족한 부분부터 공부를 시작했다. 상담은 부모님이 이혼하여 힘들어하고 있는 태주의 마음에 공감해 주고 이해해 주는 마음부터 시작했다. 또한 친구들과 잘 지내기 위해 태주가 해야 할 대화법과 소통 방법을 연습했다. 태주가 교과 보충도 하려고 마음을 먹으니 하나를 가르쳐주면 관련된 여러 가지를 스스로 깨치는 모습을 보였다. 그렇게 태주는 자신을 알아차리고 복잡했던 마음을 비우고 나니 얼굴이 달라지기 시작했다. 그동안 태주는 어머님이 이혼하고 나가서 많이 불안한 마음을 학교에 와서 '나 좀 봐 달라'고 표현하고 있었다. 태주 아버님이 알아차리고 태주의 변화를 격려하고 이끌어주었다면 얼마나 더 좋았을까 하는 안타까움이 남았다.

자신을 알아차린다는 것은 긍정적 변화를 가져온다. 자신을 알아주는 말 한마디에도 아이들은 놀라운 변화를 가져온다. 태주는 자신을 알아차리면서 자기가 가지고 있던 나쁜 습관을 내려놓고 부정적 행동을 하지 않게 되었다. 태주는 자신을 찾아가는 과정을 시작한 것이다. 변화는 일찍 일어나면 일어날수록 좋다. 안타까운 것은 매일 얼굴을 맞대고 살아가는 부모가 알아차리지 못한다는 것이다. 부모가 공감해 주고 격려해 준다면 아이는 더 빨리 변화될 수 있는데 말이다.

이제 명상은 어렵지 않고 쉽다는 것을 알았을 것이다. 다만 꾸준히 알아차리는 연습만 하면 된다. 부모가 행복해야 아이도 행복하다. 부모가 먼저 알아차리고 행복해진다면 아이에게 부모의 욕구를 무조건 요구하지 않을 것이다. 부모로부터 많이 혼나는 아이는 자신감이 없다. 실패해서 질책당할까 봐 도전하려고 하지 않는다. 현재에 계속 안주하려고 하고 조금만 복잡하면 생각하려 하지 않는다. 더 안타까운 것은 자신은 부모에게 인정받지 못하는 아이라 생각하여 자존감이 낮아진다는 것이다. 살아가면서 자신의 마음을 온전히 알아주는 사람 한 명만 있어도 그 사람의 인생은 제대로 살 힘을 가지게 된다. 그 마음을 알아주고 인정해 주는 사람이 부모면 아이들은 더 바랄 것이 없을 것이다. 부모도 아이도 꾸준한 명상으로 알아차리고, 내려놓고, 비우기를 이제 시작하라. 삶이 달라질 것이다.

05

아이에게 멍 때릴 여유를 줘라

'멍 때리기 대회' 행사가 있다는 것을 알고 있나요? 2022년 9월 4일에는 서울 잠수교 밑에서 다섯 번째 대회가 개최되었다. 대회 참가자들은 철저하게 침묵으로 90분을 멍 때려야 하며 진행 요원이 15분마다 심박수를 체크했다. 참가자들은 말 대신 3가지 카드를 사용할 수 있는데 근육이 뭉쳐서 안마 서비스가 필요하면 빨간 카드를, 물이 필요하면 파란 카드를, 기타 불편한 사항은 검정 카드를 사용할 수 있다. 우승자는 경기를 관람하는 시민들이 인상적인 참가자에게 스티커를 붙이게 하고 관객 투표 다득점자 중 심박수가 제일 안정적인 사람을 1등부터 3등까지 뽑았다. 우승자에게는 로댕의 생각하는 사람 모양의 트로피를 수여했다. 사람들이 바쁜데 모여서 멍 때리기 대회를 하는 데에는 다 이유가 있을 것이다. 그것이 궁금해지지 않는가? 얼마나 바쁜 현대인들인가? 할 일이 없어서 수천 명이 모여서 멍 때리기 대회를 하지는 않을 것이다. 사람들은 알고 있다. 그렇게 해서라도 의도적으로 휴식을 갖는 시간이 얼마나 중요한지를. 멍 때리기 대회는 아무것도 안 하고 앉아 있는 시간이 결코 시간 낭비가 아니라는 사실을 보여 주는 의미 있는 행사였다.

우리 뇌는 눈을 뜨는 아침부터 많은 정보를 받아들이고 처리한다. 잠시도 쉴 틈이 없이 주인을 위해 일한다. 너무 많은 정보가 한꺼번에 들어오다 보니 그때그때 급한 것만 처리하고 나머지는 임시 저장고에 쌓아 둔다. 뇌는 하루 동안 보고, 듣고, 기억하고 저장하다 보니 스트레스를 받는다. 그때 잠시 모든 것을 내려놓고 멍하니 있을 때 뇌는 아무것도 들어오는 정보가 없어서 휴식을 갖는다. 자녀가 잠시 넋 놓고 앉아 있으면 아무것도 모르는 부모는 '공부는 안 하고 정신 놓고 있다.'라고 호통을 친다. 몰라도 너무 모른다. 때로는 멍을 때리면 뇌에 도움이 되어 학습이 잘 된다는 사실을 부모는 모른다. 사람들이 자신도 모르게 하는 멍 때리기는 좋은 명상이다. 사람이 아무 생각도 하지 않기는 거의 불가능하다. 의도적으로 생각을 차단하려고 해도 잘되지 않는다. 생각하지 않으려면 더 생각이 나는 것이 사람이다. 어쩌다 생각이 모두 정지되고 잠시 평화가 찾아오는 때가 멍 때릴 시간이다. 부모는 자녀가 멍때릴 때 야단쳐서는 안 된다. 멍 때리는 자녀는 지금 명상 중이다.

명상이 뇌와 관련이 있다는 것을 이제는 초등학생도 다 안다. 우리 뇌는 아주 순진하다. 일단 하루에 일어나는 일들을 좋은 일이든 나쁜 일이든 판단하지 않고 다 받아들인다. 하루 동안 받아들인 정보가 임시 저장고에 가득 찬다고 상상하면 이해가 쉬울 것이다. 과학자들은 인간이 수면할 때 네 번에 걸쳐 90분을 잠자고 15분은 눈동자가 빠르게 움직이는 R.E.M(Repid Eye Movement) 상태를 거친다는 것을 알아냈다. 연구자들은 사람이 잘 때 뇌가 낮에 받아들인 정보 중에서 저장할 정보인지 버릴 정보인지를 구별하는 작업을 하는 것으로 추측했다. 뇌에 얼마나 많은 정보가 들어오면 다 처리를 못 하고 사람이 잘 때 하는 것일까? 사람들은 자신의 뇌가 이렇게 매일매일 혹사당하고 있다는 사실을 모르고 살아간다. 바쁜 일상생활 속 잠시 여유를 가지고 하는 명상은 지친 뇌를 쉬게 하여 긴장이 이완되고 편안함을 느끼게 한다. 즉 긴장된 빠른 생활 뇌파에서 편안한 명상 뇌파로 바뀌면서 편안해진다. 바쁜 현대인들이 언제 가부좌를 틀고 앉아서 명상할 것인가? 명상은 의자에 편안하게 앉아서 해도 되고, 천천히 걸어가면서 해도 되고, 누워서 해도 된다. 명상은 형식이 없다. 잠시 여유를 가지고 마음에 휴식을 주면 그것이 명상이다. 잠시 마음을 비우고 하는 명상은 마음과 몸에 생각보다 좋은 효과를 가져온다.

지하철은 명상하기 딱 좋은 장소이다. 생활 소음 속에서 명상하다 보면 여러 가지 소음 속에서도 자연스럽게 명상할 수 있는 연습이 된다. 아무리 혼잡해도 마음이 편안해지면 집중이 되는 경험을 하게 될 것이다. 그래서 나는 지하철을 타면 서 있든 앉아 있든 명상한다. 명상을 통해 봄이면 진달래가 핀 둘레길에도 가고, 여름이면 바람 시원한 숲으로도 간다. 가을이면 낙엽을 밟을 수 있는 단풍 고운 산으로 가고, 겨울이면 눈꽃이 핀 겨울 산으로도 간다. 우리 뇌는 너무 순진하여 상상과 현실을 구분하지 못한다. 지하철을 타면 핸드폰을 내려놓고 우아하게 명상하라. 지하철만큼 명상하기 좋은 장소는 없다.

몇 년 전 서울대학교에 명상 강의를 들으러 간 적이 있다. 버스를 타고 언덕을 몇 개 넘어서 명상 장소에 갔었다. 여름 방학이어서 학생들은 보이지 않고 가는 날이 장날이라고 방학을 이용해 강의 장소 옆에서 공사를 하고 있었다. 굴착기로 콘크리트를 뚫는지 그 소리가 너무 커서 귀가 아팠다. '잘못 왔구나. 오늘 명상은 망했다.' 생각하고 그냥 집으로 갈까 망설이게 되었다. 멀리 시간을 투자해서 온 것인데 공사를 중단해 달라고 할지도 모른다고 생각하고 강의를 듣기로 마음먹고 앉아 있었다. 그날 강의를 하시는 초로의 교수님이 들어오셔서 오늘은 명상 수련받기 딱 좋은 날이라고 말씀하셨다. 시끄러워서 머리가 아파지려고 하는데 무슨 뚱딴지같은 말씀인가 의아했다. 교수님은 얼굴에 미소까지 띠면서 공사장의 소리는 명상에 조금도 방해가 되지 않을 것이라고 말씀하셨다. 명상을 시작하고 공사장의 굴착기 소리가 들리는지 안 들리는지 오늘 자신을 시험해 보라고 말씀하셨다. 설마 저렇게 큰 소리가 들리지 않으려고? 의심 반 기대 반으로 명상을 시작했다. 얼마의 시간이 흘렀을까? 주위는 고요했고 정말 공사장의 소음 소리는 더 이상 들리지 않았다. 그날 너무도 신기한 체험을 했다. 한곳에 마음을 집중하니 소음은 차단되고 몸의 긴장이 풀리니 온몸에 행복감이 밀려왔다.

부모들은 아이들의 집중력이 올라가야 공부를 잘할 거라고 입을 모아 이야기한다. 그러면 부모들이 좋아하는 집중력은 어떻게 해야 올라가는 것일까? 명상 중 어떤 한 곳에 의식을 집중하게 되면 에너지가 모이면서 힘이 생긴다. 오직 한 곳에 집중하는 명상은 레이저 광선처럼 엄청난 힘으로 치유력 또한 증가시킨다. 마음이 한 사물에만 집중하여 혼란한 사고와 개념을 버리고 정지 상태에 놓이는 효과를 가져온다. 또한 명상 중에는 전체적인 뇌 활동은 감소하지만, 주의집중에 관련된 뇌 부위는 활동이 활발해지고 다른 뇌 활동은 안정 상태를 보이게 되는 이중 현상이 나타난다.

명상 중에 나타나는 집중 능력의 향상은 심리적 안정을 주고 불안이나 걱정, 자기 비난 등의 부정적인 생각들이 마음에 머물지 못하도록 해 준다. 또한, 문제를 해결하는 과정에서 흐트러지지 않고 온전히 집중할 수 있는 역량을 가지게 되어 자기감정도 스스로 조절할 줄 알게 해 준다. 명상은 집중력 향상뿐만 아니라 정서 조절에도 효과가 있다.

우리가 언제나 쉬고 있는 호흡은 인제 어디서든지 집중하여 나를 알아차릴 수 있는 명상의 좋은 도구이다. 사람의 호흡에는 배로 하는 복식호흡(腹式呼吸)과 가슴으로 하는 흉식호흡(胸式呼吸) 두 가지가 있다. 복식호흡은 숨을 들여 마시면서 배에 공기를 가득 넣어 배가 부풀어 오르게 하고 내쉴 때 풍선에서 공기를 천천히 내보내는 것처럼 조금씩 공기를 내보내 배가 들어가게 하는 호흡법이다. 들이쉬는 들숨은 교감신경과 연결이 되어 있고 내쉬는 날숨은 부교감신경과 관련되어 있다. 들숨보다 날숨에 의식을 두고 천천히 숨을 쉬게 되면 부교감신경이 활성화되어 긴장이 이완되면서 편안한 반응을 느끼게 된다.

가슴으로 하는 흉식호흡은 일 분당 16~20회, 하루 22,000~25,000회 남짓 호흡을 하게 되고, 반면에 배로 하는 복식호흡은 일 분당 6~8회, 하루 10,000~12,000회 남짓 호흡을 하게 된다. 복식호흡으로 호흡했을 때는 가슴으로 하는 흉식호흡의 반 정도의 에너지로 하루에 호흡을 할 수 있다는 것이다. 사람들은 불안하거나 스트레스를 받을 때 얕은 호흡과 불규칙한 가슴호흡을 한다. 갓 태어난 아기는 숨을 들이쉬면 배가 올라가고 내쉴 때 배가 내려가는 복식호흡을 한다. 우리 모두 태어날 때는 복식호흡을 했었다. 그러다 살아가면서 불안하고 스트레스를 받으면서 숨이 점점 가슴으로 올라온 것이다. 옛날에 어른들이 '목숨이 끊어진다'고 말씀하셨는데 그 말이 처음에는 무슨 뜻인지 몰랐다. 이제는 이해가 간다. 숨이 점점 위로 올라와 목까지 오고 거기서 숨이 끊어지면 죽는다는 뜻이었다. 숨을 밑으로 자꾸 내려야 한다. 자신의 호흡을 알아차리는 명상은 최고의 명상이다. 호흡 명상은 간단하다. 다만 꾸준한 연습이 필요하다. 호흡 명상은 오직 자신만을 보며 집중할 수 있는 최고의 명상이다.

〈호흡 명상〉

1단계 – 되도록 느슨한 옷차림을 하고 편안한 자세로 앉아서 눈을 살짝 감거나 반만 뜬다. 두 손은 살짝 포개어 배꼽 아래에 내려놓는다.

2단계 – 코로 들이마시는 숨에 아랫배에 공기를 가득 불어 넣어 배가 풍선처럼 부풀어 오르게 하면서 손의 감각으로 배가 올라감을 느낀다. 숨을 내보낼 때는 풍선에서 공기가 빠지듯이 천천히 내보내 배가 홀쭉해지는 것을 손의 감각으로 느낀다.

3단계 – 호흡 연습이 익숙해지면 손을 양쪽 무릎 위에 살며시 올려놓는다. 들숨에 하나, 둘, 셋, 넷 숫자를 붙이며 천천히 들이쉬고, 날숨에 하나부터 여덟까지 숫자를 붙여서 천천히 숨을 내보낸다. 호흡에 집중될 때까지 충분히 연습한다.

부모는 아이가 혼자 자신을 볼 수 있는 시간을 만들어 주어야 한다. 이때 호흡 명상은 오직 자신만을 보며 집중할 수 있게 하는 최고의 명상이다. 가족이 조용히 집중할 수 있는 시간을 갖는다는 것은 매우 중요하다. 가족이 일주일에 한 번이라도 모여서 조용히 명상하는 시간을 갖는다면 자녀에게 그것보다 더 좋은 선물은 없을 것이다. 또한 핸드폰을 잠시 내려놓고 함께 둘레길을 걸어도 좋고, 차를 타고 가면서 창밖을 보며 사색에 잠겨도 좋다. 이런 여유 있는 시간은 부모와 자녀가 자신을 돌아보는 좋은 시간이 된다. 멍 때리기를 잘하는 아이가 명상도 잘한다. 아이에게 멍 때릴 기회를 줘라. 어떤 시간보다 좋은 명상 경험이 된다.

〈부모도 아이도 혼자만의 시간이 필요한 멍 때리기 명상 TIP〉

"나는 휴식이 필요해요!" 멍 때리기 명상 실천 방법

- 아무것도 하지 않고 아이가 편안하게 멍 때릴 여유를 자주 준다.
- 아이의 생각과 결정을 존중하며 싫다는 일은 억지로 시키지 않는다.
- 아이가 스스로 생각하고 말할 수 있게 기다려 주는 여유를 갖는다.
- 가족이 여행 갈 때 창밖을 보며 각자 혼자만의 생각할 수 있는 시간을 갖는다.

06

아이에게 나는 좋은 부모일까?

아이에게 좋은 부모란 어떤 부모일까? 경제적으로 넉넉하여 돈이 많은 부모, 혹은 지위가 아주 높아 명예가 드높은 부모, 아이의 일거수일투족을 쫓아다니는 헬리콥터 부모, 아이의 요구를 무엇이든지 다 들어주는 허용적인 부모. 부모들은 자신의 방식대로 아이를 기른다. 그리고 나는 좋은 부모라고 생각한다. 아이의 입장에서 본 좋은 부모는 어떤 부모일까? 당신은 어떤 부모인지 생각해 본 적이 있는가? 아이들은 부모라는 거울을 보면서 자란다. 어렸을 적에는 내 부모가 세상에서 제일 좋은 부모로 알고 자란다.

자신이 좋은 부모라고 생각하는 자기만족형 부모는 자녀의 자율성은 아예 생각하지도 않고 자신의 요구에 따르지 않으면 가차 없이 질책한다. 부모의 마음에 안 드는 자녀의 모든 모습을 거부한다. 심지어 타고난 성격까지도 불편해하며 잔소리한다. 아이는 절대적인 부모의 기운에 눌려 이러지도 저러지도 못한다. 자신이 부모를 따르지 않으면 부모의 사랑을 잃을까 봐 자신을 숨기고 거짓 자기를 발달시킨다. 부모가 생각하는 이상적인 자녀의 모습이 되도록 자녀를 계속 닦달한다면 궁극적으로는 자기는 없고 부모의 명령대로 움직이는 자존감 낮은 아이가 된다.

성준이는 3월 초 처음 만났을 때부터 선생님은 안중에도 없는 남자아이였다. 수업 중에 자기 맘대로 이것저것을 만지면서 놀았다. 친구 사이에도 무엇 하나 규칙을 지키려고 하지 않았다. 수업 중에도 다른 아이에게 상처 주는 말로 싸움이 일어나기도 했다. 물어보면 자기는 잘못이 하나도 없고 다 다른 아이 탓만 했다. 하지만 시험은 언제든지 100점이었다. 성준이에게 중요한 것은 오직 시험점수였다. 시험점수만 좋으면 모든 행동을 해도 되는 아이처럼 굴었다. 참 안타까운 아이였다. 언젠가 돌아가면서 자신의 의견을 발표하는 수업을 하게 되었다. 당연히 잘난 체하며 잘하리라고 생각했는데 성준이의 발표는 의외였다. 자신감 없는 목소리로 어렵지도 않은 자신의 이야기를 머뭇거리며 하지 못했다. 성준이는 점수는 100점일지 모르나 자존감은 그야말로 바닥이었다.

성준이 어머니는 성준이에게 매일 선수학습을 시킨다고 했다. 성준이가 공부를 잘 하지 않으면 때려서라도 시킨다고 했다. 성준이는 학교에 와서 배울 것이 없었다. 이미 다 아는 교과서 내용은 재미가 없으니 수업이 지루하고 심심했다. 수업 중에는 괜히 다른 친구 공부하는 것을 맞았느니 틀렸느니 하면서 트집을 잡았다. 공부와 관련이 없다고 생각되는 활동은 성준이에게는 의미가 없었다. 대충해 놓고 또 다른 짓을 하기에 여념이 없었다. 성준이에게 중요한 것은 오직 엄마에게 칭찬받는 공부였다. 성준이가 시험을 보면 100점을 맞으니 성준이 어머니는 다른 어머니를 만나면 성준이를 자랑하기에 바빴을 것이다. 자신은 자녀를 공부 잘하게 가르치는 최고의 부모라고 생각하고 있었을 것이다. 어머니가 성준이에게 지금 무슨 잘못을 하고 있는지 알아차리지 못하니 성준이의 삶은 행복해 보이지 않았다. 성준이는 어머니와의 공부 외에는 자신의 의지로 할 수 있는 것이 아무것도 없었다. 그러니 공부는 잘할지 모르겠으나 자존감은 점점 더 바닥으로 떨어졌다.

아이를 사랑한다는 명분 아래 자녀에게 지나친 관심과 헌신으로 과잉보호하는 부모는 아이를 숨 막히게 한다. 부모는 자신이 아이에게 공을 들이는 만큼 자녀의 자율성을 뺏고 무엇이든지 대신해 준다. 너무나 사랑하기에 제약도 많고 하지 말라는 일투성이다. 아이는 자기 스스로 경험하고 체험할 아무런 기회를 얻지 못한다. 그러다 보니 부모가 없으면 아무것도 혼자 하지 못하는 아이가 되고 만다. 아이는 자라면서 서서히 부모와 분리되는 연습을 해야 한다. 그 경험을 갖지 못하면 부모와 아이는 분리되지 않고 경계가 모호해진다. 특히 아이의 모든 것을 간섭하고 통제하는 부모는 아이를 숨 막히게 하며 결국은 부모에게 의존할 수밖에 없는 아이를 만든다. 아무것도 해보지 못한 아이가 세상에 나가서 무엇을 할 수 있겠는가? 넘어져 본 아이가 스스로 일어나는 법도 안다. 이런 부모는 아마도 사람들에게 나는 아이를 위해 자신을 헌신해 가며 키우는 좋은 부모라고 말할 것이다. 눈에 넣어도 아깝지 않다는 그 사랑하는 아이의 인생을 망치고 있는데도 부모는 알아차리지 못한다.

엄마와 함께 상담받으러 온 여섯 살 난 여자아이가 있었다. 아이의 어머니는 겉으로 보아도 교양이 철철 넘치는 나이가 든 귀부인이었다. 여성스럽고 말씀도 조용조용하시고 어디 하나 거친 구석이 없었다. 아이가 밥을 먹지 않고 어쩌다 먹을 때는 밥을 입에 물고 있는 일이 많아서 상담을 오셨다. 자신은 아이를 정성스럽게 최선을 다해서 헌신적으로 키운다고 했다. 아이에게 소리를 지르는 일은커녕 욕도 한 번 안 하고 아이를 키운다고 했다. 그런데 아이가 왜 밥을 먹지 않는지 도저히 이해가 안 간다고 했다. 어머니가 아이를 키우는 일상을 하나하나 들어 보니 어머니는 정말 아이에게 지극 정성이었다. 문제는 어머니의 그 지극 정성이었다. 어머니의 이야기를 들어 보니 아이가 하나도 자신이 할 수 있는 일이 없었다. 혼자 옷을 입으려 하면 엄마는 너무도 다정스러운 목소리로 아이에게 다가가 "오늘은 네가 너무 예뻐서 엄마가 입혀 주고 싶어. 자 입어 볼까?" 또 아이가 유치원 갈 때 운동화를 신으려 하면 엄마는 얼른 운동화를 꺼내서 아이의 발에 신겨 주었다. 아이는 혼자 하고 싶어도 아무것도 혼자 할 수가 없었다. 혼자 하려고 하면 너무도 다정한 목소리로 모든 일을 해 주는 엄마를 뿌리칠 수 없었다. 유일하게 엄마가 대신 할 수 없는 일이 아이가 밥을 삼키는 일이었다. 그래서 아이는 엄마에게 일종의 시위를 하고 있었다. 상담은 아이가 아니라 엄마를 상담하게 되었다. 신기하게도 엄마를 상담하여 아이가 스스로 할 수 있도록 기회를 주기 시작하자 아이의 음식 먹는 문제는 저절로 좋아지기 시작했다.

이 어머니도 자신을 정성과 사랑으로 키우는 최고의 부모라 생각하고 있었다. 부모와 자녀의 관계는 이렇게 부모가 자라나는 아이에게 직접 영향을 줄 수밖에 없는 필연적 관계이다. 부모는 자기의 생각만으로 아이를 키워서는 안 된다.

부모는 아이가 공부를 잘하면 그것보다 보람을 느끼는 일은 없다. 아이가 공부를 조금만 잘하면 보는 사람마다 우리 아이는 뭐든지 잘한다고 자랑한다. 뭐든지 잘한다는 칭찬은 아이를 숨 막히게 한다. 어떻게 뭐든지 잘할 수가 있단 말인가? 부모의 말 한마디에 뭐든지 잘할 수 없는 아이는 불안해진다. 시험점수가 내려가면 어쩌나, 내가 뭐든지 잘할 수 없다는 것이 알려지면 어쩌나 고심하고 행동하게 된다.

EBS 프로그램 중 〈칭찬의 역효과〉라는 프로그램이 있었다. 이 프로그램은 잘못된 칭찬이 얼마나 아이들에게 역효과를 가져오는지 확실하게 보여 준다. 첫 번째 실험은 무작위로 선정한 초등학교 2학년 아이들을 한 명씩 불러서 기억력 테스트를 할 거라고 알려 준 뒤 3분 동안 아이들에게 카드에 있는 단어를 외우고 기억나는 만큼 쓰는 실험이었다. 아이가 칠판에 단어를 쓸 때마다 선생님의 칭찬이 쏟아졌다.

"야, 너 정말 똑똑하다.", "야, 너 대단하다.", "야, 너 정말 머리 좋구나.", "와, 계속 생각나는 거야?", "진짜 짱이다, 짱! "

이런 칭찬을 듣고 있는 사이 선생님에게 전화가 걸려 오고 7분간 자리를 비울 테니 쓰고 있으라고 하고 자리를 뜬다. 선생님이 나간 후 불안해진 아이는 똑똑하다는 자신을 증명하기 위해 카드를 훔쳐보는 행동을 한다. 평범한 아이에게 과한 칭찬은 칭찬이 아니라 아이를 불안하게 할 뿐이다.

두 번째 실험은 무작위로 선정한 아이들이 빨간 방과 파란 방으로 가는 두 갈래 길에서 자신이 선택한 방으로 들어간다. 두 개의 방에 들어간 아이들은 퍼즐로 된 수학 문제를 푼다. 빨간 방에 들어 온 아이들은 첫 번째 문제를 풀고 난 후 잘한다고 머리가 좋다는 칭찬을 들었다. 파란 방에 들어온 아이들은 어려운 문제를 끝까지 차분하게 풀어서 어려운 문제도 맞았다는 칭찬을 들었다. 다시 두 번째 문제를 선택하는 과정에서 놀라운 일이 벌어진다. 빨간 방에 있던 머리가 좋다고 똑똑하다고 칭찬을 들은 학생들은 전부 두 번째 문제 선택에서 첫 번째 문제와 비슷한 문제를 골랐다. 반면 파란 방에 있던 어려운 문제를 차분하게 풀었다는 칭찬을 들은 아이들은 두 번째 문제에서 어려운 문제를 선택했다.

머리가 그렇게 똑똑하지 않은데 머리가 좋다는 칭찬을 받은 아이는 새로운 문제에 도전해서 실패하면 자신이 똑똑하지 못한 아이로 보일까 봐 어려운 문제에 도전하지 않는다. 파란 방에서 문제 풀이 과정을 칭찬받은 아이들은 더 어려운 문제에 망설이지 않고 도전한다. 놀라운 것은 그 다음이다.

아이들에게 한 상자에는 같이 푼 아이들의 점수가 들어 있고 다른 상자에는 그동안 풀었던 문제의 풀이 과정이 들어 있다고 한 뒤 보고 싶은 한 상자를 선택하게 했다. 놀랍게도 빨간 방에 들어갔던 똑똑하다고 칭찬받은 아이들은 친구들의 점수가 들은 상자를 선택했고, 파란 방의 아이들은 그동안 풀은 문제의 문제 풀이가 들어 있는 상자를 선택했다. 빨간 방의 아이들에게 중요한 것은 자신이 다른 아이들보다 얼마나 똑똑한지를 확인하는 것이었다.

'칭찬은 고래도 춤추게 한다.'라는 유명한 말이 있다. 그러나 이제는 부모가 내 아이에게 생각 없이 하는 칭찬이 아이를 정말 춤추게 하는 말인지 생각해 보아야 한다. 칭찬, 이제는 알고 해야 한다. 무조건 잘한다고 칭찬하기 전에 아이가 얼마나 노력하고 있는지 부모는 그 과정을 알고 격려해 주어야 한다.

좋은 부모가 되는 기본은 조건 없는 사랑이다. 한 사람이 행복하게 자라기 위해서는 태어나서부터 부모가 자신을 어떻게 받아 주고 사랑해 주었는지의 경험에서 시작된다. '너는 있는 그대로의 모습으로도 충분히 사랑받을 자격이 있는 존귀한 존재야.'라는 조건 없는 인정이 아이를 아이답게 살게 한다. 자녀를 기르는 일에 부모의 욕심이 들어간 조건은 내 아이를 불행하게 한다. 좋은 부모가 되는 시작은 부모 자신이 어떤 부모인지 알아차리는 것에서 시작된다.

07

교육은 가르치는 것이 아니라 보여 주는 것이다

초등학교 교사 초임 시절에 아이들과 수업 시간에 첨성대에 관하여 이야기하는 시간이 있었다. 그때는 나도 첨성대를 가보지 않았던 때라 첨성대는 무척 클 것으로 생각하고 있었다. 당연히 아이들에게도 첨성대가 큰 것처럼 설명할 수밖에 없었다. 그해 가을 아이들을 데리고 경주로 수학여행을 떠났다. 첨성대 앞에 섰는데 너무 작은 모습에 당황했었다. 옛날에 별을 관측하던 곳이면 무척 크고 웅장할 줄 알았는데 자그마한 크기에 놀랐다. 아이들에게 솔직하게 선생님은 첨성대가 무척 큰 줄 알았는데 오늘 보니까 너무 작아서 조금은 실망이 되었지만, 그때가 아주 옛

날이라고 생각하면 이해가 조금은 될 것 같다고 말했다.

'백문이 불여일견'이라는 말도 있다. 백 번 말하는 것보다 한 번 보여 주는 것이 더 효과가 있다는 말이다. 교육도 마찬가지이다. 부모가 아무리 이렇게 해라, 저렇게 해라, 말을 해도 아이들이 실제로 보지 못하면 마음에 와닿기가 쉽지 않다. 부모가 자신의 눈높이에 맞춰서 이야기한다면 아이들은 거리감을 느낀다. 아이들에게 가르치기보다 부모가 먼저 행동으로 보여 주어야 하지 않을까?

아이들이 말을 듣고 이해하는 데에는 한계가 있다. 아직 전두엽이 미숙한 아이들은 자신이 가진 경험이 적기 때문에 자기의 생각대로 판단하고 행동하게 된다. 한 번은 아이들이 친구들과 소통이 안 되는 모습이 종종 보여서 왜 그런지 알아보는 활동을 했다. 그림을 보여주고 조별로 그림의 내용을 다음 사람에게 설명하여 마지막 사람이 전해 들은 이야기를 그림으로 그려서 가지고 나오는 활동이었다. 마지막 아이가 가지고 나온 그림은 천차만별이었다. 그림을 아이들에게 보여주고 의견을 말해 보라고 했더니 모두 어떻게 같은 그림이 이렇게 다를 수 있냐며 믿기지 않는 얼굴이었다. 아이들뿐 아니라 어른들도 자신이 듣고 싶은 말만 듣는다. 심지어 아이들은 보지도 않은 것을 본 것처럼 이야기할 때도 있다. 이럴 때 부모가 관심 어린 경청과 명확한 행동으로 아이에게 모범이 되어 준다면 아이는 혼란스럽지 않게 부모에게 배울 것이다.

부모는 아이들의 모델이다. 아이들은 오랜 시간을 부모와 함께 자라기 때문에 자기도 모르게 부모를 닮아 간다. 부모의 쉬지 않고 하는 잔소리와 명령조의 말은 아이에게 잘 먹히지 않는다. 이미 너무 많이 들어온 말들이라 뇌에서 무시해 버린다. 하지만 부모가 보여주는 모습은 가르치지 않아도 아이의 무의식에 각인된다. 폭력적인 부모 밑에서 자란 아이는 자신은 부모처럼 폭력적인 부모가 되지 않겠다고 생각할 것이다. 하지만 폭력은 끊어지지 않고 대물림 되는 경우가 비일비재하다. 배우지 않으려고 해도 오랜 시간 봐 왔기 때문에 자기도 모르게 학습되어 몸에 배게 되기 때문이다. 몸이 기억한다는 말도 있지 않은가? 교육은 말로 가르치는 것이 아니라 몸소 보여 주는 것이다.

나의 아버지는 교직을 천직으로 알고 강직하게 사시던 분이다. 어린 시절 월급날이면 아버지는 돈이 들어 있는 누런 봉투를 가지고 오셨다. 아버지와 어머니는 둘러앉아서 다음 달 나갈 쌀값이며 옷값, 연료비 등을 계산했다. 우리들은 옆에 쭉 둘러앉아 혹시 우리에게도 10원짜리 동전 하나 돌아오지 않을까 기다리며 보았던 기억이 난다. 아버지의 월급 봉투는 항상 다 계산하고 나면 1원짜리 몇 개밖에 남지 않았다.

어느 해인가 아버지가 저녁때 월급을 타서 돌아오셨다. 어린 시절 강원도 산골에 살던 때는 선생님들의 월급을 학교에서 한 분이 강 건너 교육청에 가서 타가지고 왔다. 돈을 확인하던 아버지가 돈이 몇 천 원 더 들어 있다고 말씀하셨다. 그 당시의 몇 천 원은 매우 큰돈이었다. 교육청 담당자는 돈이 모자라 애를 태우고 있을 거라며 돈을 돌려주러 가겠다고 했다. 강원도 산골의 해는 금방 지고 칠흑 같은 어둠이 찾아온다. 어머니는 지금 강을 건너가기는 너무 늦었으니까 다음날 가면 좋겠다고 말씀하셨다. 아버지는 한사코 오늘 갔다가 주고 와야 한다며 길을 나섰다. 집에서 배 터까지는 십 리 길이었고 거기서 또 배를 타고 교육청까지 가려면 아주 먼 길이었다. 어머니는 아버지의 밥을 퍼서 이불 속에 넣어 놓으시고 아버지를 기다리셨다. 시간이 얼마나 지났을까 오셔야 할 아버지는 소식이 없으셨다. 온 식구가 걱정하고 있을 때 멀리서 개 짖는 소리가 들리고 아버지가 돌아오셨다. 오시는데 산모퉁이 산소가 있는 곳에서 두 개의 불이 번쩍번쩍하더란다. 그곳은 낮에도 을씨년스러운 곳이어서 지날 때면 달음박질하던 곳이다. 아마도 호랑이나 산짐승이 따라온 것 같았다. 아버지는 주머니에서 성냥을 꺼내 집에 오는 내내 불을 붙이면서 오셨다고 했다. 아버지는 그런 분이셨다. 살아오면서 아버지가 보여 주셨던 강직한 모습을 나도 모르게 닮으려 애쓰며 살고 있다. 아버지가 일찍 돌아가시고 힘든 생활 속에서도 꿈을 잃지 않고 선생님이 될 수 있었던 것은 아버지가 몸과 마음으로 보여 준 진실한 교육의 힘이 아니었나 생각된다.

초등학교 아이들이 1년 지나면 어디가 모르게 담임 선생님의 분위기와 비슷해지는 경우가 종종 있다. 심지어는 담임 선생님의 말투도 따라 쓰는 아이들도 있다.

나는 아이들에게 존댓말을 쓴다. 존댓말이 습관이 되어서 이제는 너무 자연스럽게 나온다. 아이들도 서로 존댓말을 쓰면 좋을 것 같다고 말하면 아이들은 부담스럽다고 한다. 강요는 하지 않고 학교 공식적인 회의나 토론 시간에는 존댓말을 쓰도록 격려했다. 어느 날인가 화장실에서 아이들이 이야기하고 있는데 존댓말이 들렸다. 그 모습이 너무 예뻐서 혼자 흐뭇하게 웃었다.

아이들은 이렇게 보고 듣는 것을 잘 따라 한다. 그러다 보니 집에서 부모님과 하던 행동을 학교에 와서 자기도 모르게 똑같이 한다. 부모가 여유가 있는 행동을 보여 준 아동은 학교에서도 친구 사이에 넉넉하게 마음을 쓴다. 반면 부모가 불안한 아동은 수업 중 피가 나도록 손톱을 뜯는다. 또한 다른 사람의 실수를 조금도 용납 못 하고 비난하는 데 열을 올린다. 명상 음악을 들을 때조차 불안하여 가만히 있지를 못한다. 부모들에게 말하고 싶다. 부모를 보고 그대로 자라는 아이들, 교육은 가르치는 것이 아니라 보여 주는 것임을.

호통 판사로 유명한 천정호 판사는 그를 지칭하는 호통 판사의 이면에 청소년으로 죄를 짓고 판결받으러 온 아이들을 따뜻한 마음으로 바라보는 부모의 마음이 있다. 천종호 판사는 어른으로서 아이들을 어떻게 대해야 하는지를 말로 가르치지 않고 행동으로 몸소 보여주고 있다. 아이들이 다시 정상적인 삶을 살아가도록 기회를 주고 가족의 품으로 돌려보낸다. 사랑받지 못하고 방황하다 범죄의 길로 들어서는 많은 청소년에게 세상은 그래도 살 만한 따뜻한 곳이라는 메시지를 보내고 있다. 우리 사회가 아이들을 뭐라고 하기 전에 어른들이 올바르게 살아가는 모습을 보였으면 좋겠다. 그 시작이 부모이다.

천정호 판사는 저서 『아니야, 우리가 미안하다』에서 이렇게 적었다.

'지금은 단단한 겨울눈에 가려 보이지 않지만, 그 안에 봄을 꿈꾸는 여리고 푸른 새싹이 숨어 있음을 잊지 말아야 한다. 아이들 누구나 저마다의 작고 소중한 꿈을 먹으며 자랄 수 있는 환경을 우리가 되돌려 주어야 한다.'

가슴이 먹먹한 말이다. 아이들이 자신의 꿈을 꿈꾸며 살 수 있도록 어른인 우리가 반성해야 한다. 부모는 아이들의 울타리인 가정을 목숨 걸고 지켜야 한다. 모든 교육의 시작은 가정이다. 부모는 끝까지 자녀를 사랑하고 책임지는 모습을 보여주어야 한다.

부모가 행복하면 아이는 몇 배 더 행복해진다. 행복은 전염성이 강하다. 같은 마음이 모이면 그 공간은 같은 마음으로 꽉 차게 된다. 김상운 작가는 그의 저서 『왓칭』에서 행복하게 기도한 컵에 커피를 부어 마시면 그 커피 맛이 달라진다는 사례를 소개하고 있다. 사람의 기도하는 마음이 컵에 전해져 싸구려 커피 맛이 고급 커피 맛으로 변한다는 것이다. 또한 시간이 가면 그 방에 있는 모든 잔에서 같은 효과가 나타난다고 말한다. 이 거짓말 같은 실험은 스탠퍼드 대학의 양자물리학자인 틸러(William Tiller) 박사가 실험을 거듭하여 얻어낸 결과이다. 생명이 없는 컵에도 마음이 통하는데 사람의 마음은 어떨 것인가? 말하나 마나 마음은 물질보다 힘이 세다. 부모가 행복하고 아이가 행복할 수 있도록 부모는 항상 깨어 있어서 알아차려야 한다. 부모가 먼저 올바르게 살아가면 아이들은 닮지 말라고 해도 닮는다. 교육은 가르치는 것이 아니라 보여주는 것이다.

다산 정약용의 저서 『예기』, 『곡례』에는 부모가 자식에게 보여주어야 할 모습이 나와 있다.

'어린 자식들에게는 항상 속이지 않는 것을 보이며, 바른 방향을 향해 서며, 비스듬한 자세로 듣지 않는다.'

어린 자식에게 남을 속이면 안 된다고 가르치는 것이 아니라 속이지 않는 모습을 보여주는 행동을 하라는 말이다. 또한 바른 방향을 향해 선다는 이야기는 올바른 가치관을 가져야 한다는 말이다. 또한 비스듬한 자세로 듣지 않는다는 말은 무조건 받아들이고, 왜곡하지 않는 분별력을 말한다. 자녀의 마음에 각인된 부모의 모습은 평생 잊히지 않는다. 아이는 부모의 모습을 보고 자란다. 그것이 교육이다.

독서가 좋다고 아이에게 강조하면서 정작 부모는 핸드폰을 하거나 TV를 보고 있다면 어느 아이가 수긍하고 책을 읽고 싶겠는가? 친구와 사이좋게 지내야 한다고 하면서 부부가 아이 앞에서 매일 싸운다면 부모의 말과 행동이 달라서 아이는 혼란스러워한다. 부모는 있는 그대로 그냥 평범한 사람으로서 진심으로 말하고 행동하며 살아가는 모습을 보여 주기만 하면 된다. 명예가 높을 필요도 없고 재력이 많지 않아도 된다. 가정은 평화롭고 따뜻한 곳이어야 한다. 하지만 사람으로서 지켜야 할 도리는 명확하게 배울 수 있는 곳이어야 한다.

요즘에는 자녀가 한 명이나 많아야 두 명인 가정이 대부분이다. 얼마나 귀하고 소중한 자녀인가? 하지만 모든 아이가 내 아이와 같이 소중하다는 사실을 부모들은 잊고 산다. 오직 내 아이만 생각한다. 그런 모습을 보고 자란 아이는 자기밖에 모르는 아이가 된다. 특히 저학년 자녀가 친구와 갈등이 있어서 싸우기라도 하면 문제를 잘 해결하도록 돕는 것이 아니라, 부모들이 감정이 더 격해져서 아이들 앞에서 싸우는 경우가 종종 있다. 아이들은 싸우다가도 금방 서로 화해하고 다시 잘 논다. 정작 아이들은 화해하고 다시 놀고 싶은데 부모가 나서서 싸우는 바람에 친구를 영영 잃고 마는 일이 벌어진다. 아이들 앞에서 어른들이 배려나 양보는 전혀 없이 싸우는 모습을 보인다면 아이들이 무엇을 배울지 어른들은 반성해야 한다. 그런 모습을 보고 자란 아이는 문제가 생기면 부모와 똑같이 감정적으로 해결하려고 할 것이다. 부모가 성숙해지지 않으면 아이는 미성숙하게 성장할 수밖에 없다.

미국에서 한 실험이다. '길거리에서 돈이 든 지갑을 줍는다면 사람들은 어떤 반응을 보일까?' 하는 호기심에서 실험을 시작했다. 사람이 많이 다니는 거리에 50달러가 들어 있는 지갑을 떨어뜨려 놓고, 그것을 발견한 사람이 어떻게 행동하는지 관찰했다. 결과는 놀라웠다. 120개 지갑 중 80개의 지갑이 다시 돌아왔다. "왜 돈이 든 지갑을 그대로 가져왔나요?"라는 질문에 많은 사람이 "어릴 적 부모님께 그렇게 배웠기 때문입니다."라고 대답했다.

부모는 아이에게 절대적인 영향을 미치는 존재이다. 아이는 부모를 보고 자란다. 부모는 아이의 거울이며 최고의 스승이다. 소설가 제임스 볼드윈(James Baldwin)은 '어른 말을 잘 듣는 아이는 없다. 하지만 어른이 하는 대로 따라 하지 않는 아이도 없다.'라고 말했다. 부모는 내 아이가 항상 나를 보고 배우고 있다는 사실을 잊어서는 안 된다. 교육은 가르치는 것이 아니라 부모가 행동으로 보여주는 것이다.

3장

놀이처럼 부모와 함께하는 슬기로운 명상공부

01

마음, 비워야 비로소 채울 수 있다

사람의 마음은 처음 태어날 때부터 순수하고 맑았다. 살아가면서 세상의 세파에 흔들리고 혼탁해지다 보니 마음에 나도 모르는 잡념들이 쌓여갔다. 불안은 파도를 일으키며 수면 위를 부는 바람과 같다. 바람에 물결이 거세지면 물속은 보이지 않는다. 바람이 가라앉고 물결이 잔잔해지면 파란 바다 속살이 드러난다. 우리의 마음도 언제나 그렇게 맑고 고요하다. 자신의 마음에 쌓인 부정적 감정들을 비우면 자신의 텅 빈 맑고 고요한 마음과 만나게 된다. 잠시 멈추고 자신의 마음에 사는 감정과 만나는 시간을 가져야 한다. 형식도 필요 없다. 그냥 언제 어디서나 나를 알아차리면 된다. 알아차려야 비울 수 있고 비워야 변화가 일어난다. 당신의 마음에는 어떤 감정들이 모여 맑은 나를 혼탁하게 하고 있는지 돌아볼 시간이 필요하지 않은가?

도대체 보이지도 않으면서 나를 울게도 하고 웃게도 하는 마음은 과연 어디 있는 걸까? 우리나라 사람들은 마음을 말할 때 가슴으로 손을 가져간다. 과연 마음은 가슴에 사람들이 상상하는 빨간 하트 모양으로 있는 걸까? 서양 사람들은 마음이 어디 있다고 생각했을까? 서양사람 중에 마음이 뇌와 관련이 있다고 생각한 기록이 그리스 신화에 남아 있긴 하지만 유명한 아리스토텔레스조차 인간의 정신은 심장에 있다고 말했다. 과학이 발달하면서 과학자들은 가슴에 있다고 믿었던 마음을 뇌로 옮겨놓았다. 모든 마음에서 일어나는 현상은 '뇌'라는 부분에서 일어나는 작용이라는 사실을 밝혀냈다. 어떤 과학자는 이제는 사랑하면 하트가 아니라 뇌를 그려야 하지 않느냐는 우스갯소리를 하기도 했다.

마음이 뇌에서 일어나는 작용임을 알고는 있지만, 마음을 내 마음대로 좌지우지할 수는 없다. 마음이 마음대로 되지 않아 사람들은 고통을 당해 왔다. 사람들은 그 고통에서 벗어나려고 많은 생각과 시도를 했다. 고통 없이 자신의 마음을 조절할 방법이 없을까? 오랜 원시 시대부터 사람들이 명상해 왔다는 기록이 동굴 벽화에서 발견되었다. 평화와 행복을 추구하는 것은 모든 사람의 궁극적 목적이다. 자신의 마음을 알아차리는 수행으로 마음을 관장하는 뇌를 변화시킬 수 있다는 사실이 밝혀졌다. 달라이 라마(Dalai Lama)는 그의 저서 『달라이 라마의 행복론(The Art Happiness)』에서 이렇게 말했다.

"우리의 뇌는 변화가 불가능하게 고정된 것이 아니라 변화할 수 있다."

결국 나를 알면 마음도 내 마음대로 비우고 청청해질 수 있다는 이야기다. 그 빈 마음에 무엇이 채워질지는 말하지 않아도 알 수 있지 않을까?

음악을 들으면 다수의 사람이 기분이 좋아진다. 경쾌한 음악을 들으면 쾌감을 느끼게 해주는 측핵이 활성화되고, 애절한 음악을 들으면 놀랍게도 기억을 관장하는 해마가 활성화된다. 애절한 음악을 들으며 즐거운 추억을 떠올리는 사람의 뇌는 전두엽 및 앞쪽 측두엽, 해마 옆 피질 등의 여러 곳이 활성화된다. 반면 슬픈 추억을 떠올리고 음악을 들은 사람은 바깥쪽 측두엽 일부만 활성화된다. 뇌는 즐거운 기억을 오래 곳곳에 남겨 행복감을 느끼게 하고 괴로운 기억은 최소한으로 축소하도록 조직화 되어 있다. 얼마나 다행인가? 뇌가 알아서 사람이 행복해지도록 조절하고 있으니.

과거를 못 잊고 불행하게 사는 남자가 있었다. 남자는 부모를 여덟 살에 교통사고로 한꺼번에 잃고 이 집 저 집 친척 집으로 떠돌며 살았다. 어떤 친척도 자신의 아이처럼 남자를 사랑해 주지 않았다. 자신의 아이들은 놀게 하고 남자에게는 용돈을 준다는 명목으로 정원을 청소하게 하고 연못을 청소시켰다. 자라면서 그런 상처들이 마음에 쌓이다 보니 자신은 가치가 없는 사람 같이 느껴졌으며, 무엇을 해도 재미가 없고 마음이 허전했다. 많은 사람과 어울리고 그들을 웃기고 존재감을 확인받았지만, 집으로 돌아오면 가슴 한구석이 허전했다. 그런 날들이 많아지다 보니 우울증이 찾아왔다. 어느 날 아내의 권유로 음성에 있는 '꽃동네'라는 곳에 모든 것을 내려놓고 봉사활동을 떠났다. 아내는 가서 잃어버린 자신을 찾아오라고 말했다. 봉사활동을 하는 곳은 버려진 사람들과 몸과 마음이 아픈 사람들이 모여 사는 곳이었다. 남자는 한 달만 있다가 돌아오겠다고 말하고 길을 나섰다. 그러나 한 달이 지나고 두 달이 되어도 남자는 돌아오지 않았다. 남자는 그곳에서 몸조차 마음대로 움직일 수 없는 장애를 가진 많은 사람을 만났다. 또한 자신이 누구인지 왜 거기에 버려졌는지 모르고 울부짖는 너무나 어린 아기들을 보았다. 남자는 '꽃동네'에서 지내면서 자신이 얼마나 행복한 사람이었는지 깊게 깨닫게 되었다. 자신의 건강한 몸으로 그 사람들을 더 도와주고 싶은 마음이 생겼다. 몇 달을 더 봉사활동을 하고 마음과 몸이 건강해진 남자는 집으로 돌아왔다. 돌아온 남자는 봉사활동을 갈 때의 불안한 눈동자가 아니었다. 눈은 빛나고 몸은 건강하고 마음은 행복했다. 혼탁해졌던 마음을 다 내려놓고 비우니 빈 마음으로 비로소 행복이 들어올 수 있었다.

사람의 마음은 참으로 복잡하다. 살아가면서 별의별 일들을 다 겪고 나와 다른 수많은 사람을 만난다. 컴퓨터에 정보들을 이것저것 쌓아 놓고 지우지 않으면 컴퓨터는 결국에는 다운되고 만다. 다시 처음부터 세팅해야 한다. 컴퓨터는 사람의 뇌를 모방해서 만든 기계이다. 하물며 컴퓨터보다 정교한 사람은 어떨 것인가? 갖가지 감정들을 경험하면서 해결하지 못한 감정의 찌꺼기들이 마음에 쌓이게 된다. 쌓인 감정의 찌꺼기들은 언젠가는 해결해야 할 마음의 쓰레기들이다. 해결하지 못하고 남으면 스트레스가 되어 심신에 빨간불이 켜진다. 심해지면 마음에 우울증이 오고 몸에 병으로 나타난다. 너무도 다행스럽게도 신은 인간에게 이런 상황을 견딜 기회를 부여했다. 잠시 생각을 멈추고 그냥 멍하니 있는 시간을 주었다. 명상은 복잡한 마음의 부유물을 털어내고 마음을 정리할 시간을 준다. 신이 인간에게 준 최고의 선물이다. 마음 비우기를 하기 위해서는 꼭 앉아 있을 필요는 없다. 명상, 음악 듣기, 걷기, 운동, 글쓰기 등 자신이 좋아하는 것에 집중하면 된다.

의도적으로 비우지 못하는 사람들을 위해 신은 한 가지를 더 선물했다. 잠자는 동안 뇌는 가만히 있지 않고 낮 동안에 들어온 정보를 정리하여 많은 부분을 버려 준다. 그렇지 않고 그 많은 정보와 감정들이 쌓인다면 사람은 포화 상태가 되어 견디지 못할 것이다. 비우면 가벼워진다. 비우면 행복해진다.

내 막냇동생은 수녀이다. 나는 세파에 적당히 물들어 가며 살고 있는데 동생을 보면 부끄러워진다. 동생은 장애인 시설에서 근무하고 있다. 어느 날 동생이 받는 월급을 거의 다 본원으로 보내고 수녀님 둘이서 60만 원으로 한 달을 산다는 이야기를 들었다. 세속의 셈으로 보자면 60만 원은 도저히 살 수 없는 금액이다. 동생은 물질적으로 아무것도 가진 것이 없고, 가진 것도 낡은 수녀복밖에 없다. 하지만 나는 끊임없이 가지려고 애쓰고 있으며 무엇인가에 계속 결핍을 느끼며 살고 있다. 우리 8남매 형제 중에 막냇동생이 제일 여유로워 보인다. 욕심이 없으니 마음이 제일 부자다. 마음도 비우고 물질도 비우니 그곳에 행복이 가득 차 있는 모습이다. 비워야 채울 수 있는데 비우지는 않고 자꾸 채우려니 항상 갈증이 난다. 마음을 알아차리고 비워야 채울 수 있다. 비워야 행복으로 채울 수 있다.

'열 길 물속은 알아도 한 길 사람 속은 모른다.'라는 속담이 있다. 다른 사람의 마음 읽기 능력은 어린 시절 부모와의 관계에서 길러진다. 아이가 말을 못 하는 아기였을 때도 다른 사람은 몰라도 부모는 아이가 무엇을 원하는지 안다. 마음 읽기는 능력이다. 처음에는 부모와 아이는 서로 말을 하지 않아도 통하는 사이였다. 통하던 마음에 언제부터인가 감정들이 쌓이면서 마음은 혼탁해져 갔다. 그래서 부모는 도대체 아이의 마음에 무슨 마음이 들어 있는지 모르게 되었다. 아이의 마음은 처음부터 닫히지 않는다. 부모의 기대가 커지고 부모의 잔소리가 늘어나면서 아이는 자신의 요구가 아무런 의미가 없다는 것을 알게 되면서 문을 닫게 된 것이다. 부모는 항상 깨어 있어서 아이의 마음이 닫히지 않도록 알아차려야 한다. 아이의 마음이 언제나 들어올 수 있게 비워 두어야 한다. 부모의 마음에 여유가 없다면 아이는 부모의 마음을 두드리다 돌아갈 것이다. 부모와 아이 마음을 비울 수 있는 명상으로 함께하라. 마음은 비워야 채울 수 있다. 비워야 행복이 들어올 수 있다.

02

한 번의 잔소리보다 한 번의 공감을 먼저 하라

아기를 키우는 엄마는 아이의 표정만 보아도 아이가 기저귀가 축축한지 배가 고픈지 알아차린다. 또한 아이의 표정을 미리 읽고 알아듣지도 못하는 아이에게 말도 한다. 이때 아기는 기분이 좋아지고 '세상은 살 만한 좋은 곳이야.' 하는 마음을 가지게 된다. 좋은 공감은 이렇게 어릴 적 아무것도 모르는 아이 때부터 시작된다.

많은 부모가 모이면 '우리 아이와 대화가 안 통해요, 누구를 닮아서 저런지 모르겠어요.'라고 하소연한다. 이런 부모에게 아이의 감정을 알고 공감해 준 적이 있는지 묻고 싶다. 아이의 마음을 알아차려야만 내 아이가 왜 그런지 부모는 이유를 알 수 있다. 대다수 부모는 아이를 위해 최선을 다해 기르려고 노력한다. 다만 아이의 감정에 공감하지 않고 자신의 이야기만 한다.

부모도 자라면서 충분한 공감을 받아 본 경험이 없기 때문에 아이의 마음에 공감하는 것을 잘하지 못한다. 내 아이와의 관계가 좋아지려면 부모가 먼저 자신이 어떤 감정을 가진 사람인지 알아차려야 한다. 부모가 자신을 바로 알아차릴 때 자녀를 있는 그대로 수용할 수 있다. 그것이 공감의 기본이다.

말에는 에너지가 들어 있다. 말로 주는 상처는 보이지는 않지만, 강력한 영향력이 있다. EBS에서 〈욕의 반격〉이란 주제로 아이들이 평상시에 하는 욕의 영향을 실험했다. 요즘의 아이들은 욕을 입에 달고 산다. 왜 욕을 하느냐 물어봤더니 '친구들이 하니까', '만만하게 볼까 봐.', '누군가를 무시하거나 비웃기 위해.'라는 대답이 많았다.

그럼, 욕을 들으면 왜 기분이 나빠지는 것일까? 욕은 분노 공포를 느끼게 하는 '감정의 뇌'를 강하게 자극한다. '감정의 뇌'는 '이성의 뇌'를 통제한다. 실험에서 욕하는 아이들의 침을 모아서 현미경으로 보았더니 분노의 침전물인 갈색 침전물이 보였다. 이 침전물을 쥐에게 주사했더니 쥐는 곧 죽음을 맞았다.

욕을 하는 순간 너무나도 정교하게 만들어진 우리 몸은 나쁜 호르몬을 몸으로 내보낸다. 욕을 하면서 제일 먼저 듣고 욕을 쓰면서 제일 먼저 보는 사람은 자신이다. 스스로 자신의 뇌에 상처를 입힌다. 이미 나쁜 호르몬으로 인해 기분은 나빠지고, 내보내는 침에는 독성 호르몬이 섞여서 상대방에게 전달된다. 욕을 하는 사람이나 듣는 사람이나 모두 나쁜 호르몬의 영향으로 기분이 나빠지는 것이다. 반면 '사랑한다'는 말을 할 때는 분홍 침전물이 생겼다. 참 놀랍지 않은가? 공감의 시작은 말이다. 내 아이에게 하는 말에 어떤 감정이 섞여 있는지 부모는 알아차려야 한다. 그래야 내 아이와의 관계가 좋아진다.

공감은 후천적으로 배울 수 있는 기술이다. 부모는 아이에게 가르치려고 하지 말고 마음을 이끌어주는 사람이 되어야 한다. 부모는 아이의 감정에 공감해 주고 자연스럽게 아이가 배울 기회를 주어야 한다. 하지만 공감은 말처럼 쉽지는 않다.

요즘은 공감을 저해하는 많은 장애물이 있다. 우선 어른이나 아이들 거의 모두가 가지고 있는 핸드폰이 문제이다. 아이들은 인터넷으로 혼자 동영상을 보고 혼자 게임을 한다. 다른 사람과 소통하고 공감을 배우고 경험할 기회가 적어진다. 옛날에는 대가족 속에서 아이를 키우다 보니 여러 사람이 아이의 마음을 읽어 주고 인정해 주는 시간이 많았다. 그러나 현대는 부모와 자녀 사이에도 얼굴을 마주 보고 대화할 시간이 부족해졌다.

공감은 기술이다. 배우려고 노력한다면 얼마든지 높일 수 있는 능력이다. 부모는 아이와 공감하기 위해 무엇을 해야 할까? 먼저 아무리 바빠도 눈을 마주치고 대화하라고 말하고 싶다. 부모는 바빠서 설거지하면서 아이는 부모의 등에 대고 하는 대화는 대화가 아니다. 금쪽같은 내 아이가 더 중요하다. 잠시 하던 일을 멈추고 아이의 눈을 보고 대화하라. 교감이 일어날 것이다.

미국의 심리학자인 존 가트맨(John Gottman) 박사는 그의 저서 『내 아이를 위한 감정코칭』에서 아이의 감정에 반응하는 부모를 감정 축소형 부모, 감정 억압형 부모, 방임형 부모, 감정 공감형 부모네 가지로 분류했다.

아이가 울 때 아이의 감정을 읽어 주기보다 울음을 그치면 아이가 좋아하는 과자나 아이스크림을 주겠다고 어른다. 아이의 감정보다 아이가 우는 상황을 빨리 마무리하려고 한다, 이런 부모는 감정 축소형 부모이다. 감정 축소형 부모는 아이의 부정적 감정은 아예 생각도 하지 않으려고 한다. 감정을 '좋다', '나쁘다'로 구분해 아이가 부정적 감정을 보일 때는 인정하지 않는다.

이런 부모 밑에서 자란 아이는 자라서 성인이 되면 감정을 어떻게 처리하는지 몰라 자극적인 술이나 담배, 쇼핑 등으로 풀 수가 있다. 감정은 부정적이든 긍정적이든 좋고 나쁜 것이 아니다. 있는 그대로 인정해 주는 것이 가장 중요하다.

아이의 감정을 억압하는 감정 억압형 부모는 감정 축소형 부모처럼 감정을 좋고 나쁜 것으로 구분한다. 아이의 마음보다는 아이의 부정적 행동에 관점을 맞춰서 울거나 떼를 쓰면 그치게 하려고 협박하거나 때리는 행동까지도 한다. 이런 부모 밑에서 자란 아이는 자아존중감이 낮고 화가 나면 조절하지 못하여 다른 사람을 때리는 행동하게 된다. 부모가 자신에게 했던 그 방법으로 똑같이 해결하려고 한다. 이런 아이들은 부모에게 억압받고 자라기 때문에 일탈 행동에 일찍 눈을 뜨게 된다.

방임형 부모는 아이의 어떤 감정이든지 다 받아 주는 부모로 겉으로는 괜찮은 부모로 보인다. 하지만 방임형 부모는 아이의 감정을 받아 주는 대신 아이의 행동이 옳고 그름을 가르치지 않는다. 자라나는 아이에게 행동에 대한 책임을 가르치는 것은 대단히 중요하다. 이런 부모 밑에서 자란 아이는 행동의 책임 한계를 알지 못해 혼란스럽고 자기중심적으로 행동하게 된다. 다른 사람과의 관계가 자꾸 꼬이게 된다.

감정 공감형 부모는 아이의 감정을 다 받아 주지만, 아이의 행동에 대한 책임을 분명히 알려주는 부모이다. 이런 부모는 아이가 자기의 행동에 대해 생각해 보고 아이 스스로 더 나은 방법을 선택하도록 부모는 기다려 준다. 부모가 자신을 지지해 주니 자존감이 높아지고 부모와 신뢰도 쌓이게 된다.

당신은 아이의 감정에 어떻게 반응하는 부모인가? 사랑하는 내 아이에게 어떤 공감을 해주는 부모가 될 것인지 이제는 알고 행동해야 하지 않을까?

딸에게 가정을 꾸리기 전에 상담을 공부하라고 조언했다. 다행히 딸은 인터넷으로 상담 공부를 하고 결혼하여 연년생으로 두 아들을 키우게 되었다. 딸의 모습을 보면서 저렇게 나도 딸을 키웠어야 하는데 정말 부끄러웠다. 부모도 배워야 한다.

세 살 이전까지의 아이는 감정을 관장하는 변연계가 미숙하기 때문에 자신의 감정을 어떻게 표현해야 하는지 모른다. 안 되면 바닥에 눕기까지 하면서 자신의 요구를 들어 달라고 떼를 쓴다. 모르기 때문에 아이들은 그렇게 할 수밖에 없다. 딸아이는 아이의 감정을 먼저 공감해 주고 차근차근 설명하면서 화를 안 내고 아이를 키우고 있었다. 정말 화가 안 나는 것은 아니지만 기본 원리를 알기에 아이에게 맞춰서 기르고 있었다. 딸에게 상담 공부를 하라고 한 것이 얼마나 잘한 일인지 모른다. 이 책을 읽는 딸을 둔 부모라면 꼭 딸에게 아이를 낳아서 기르기 전에 상담 공부할 것을 권한다. 아이의 인생이 달라진다. 아이를 키우는 일은 한 명의 소우주를 탄생시키는 중대한 일이다.

부모가 왜 아이의 감정에 먼저 공감해야 하는지 알았을 것이다. 하지만 모든 것을 다 공감하고 들어주라는 말은 아니다. 부모도 모든 것을 다 들어줄 수는 없다. 안 되는 일은 아이가 알아듣도록 천천히 설명하는 것이 중요하다. 아이에게 적절한 좌절도 필요하다. 다만 아이의 의견을 비난해서는 안 된다. 비난을 받게 되면 아이는 자신의 꿈을 계획하는 능력을 기를 수 없게 된다. 공감하면서 적절하게 좌절을 경험한 아이는 자신에게 맞는 목표를 세우는 능력을 갖출 수 있다.

쉽지 않은 부모와 자녀의 공감, 쉽게 하는 방법이 있다. 부모와 자녀의 공감 회로를 같은 주파수로 맞추는 것이다. 부모는 아이와 대화하기 전에 아이에게 집중하여 뇌의 회로를 모두 열어 놓는다. 부모는 아이와 손을 잡고 몸과 마음을 편안하게 하면서 그 마음이 아이에게 전해지도록 집중한다.

이런 마음이 아이에게 전해지면 아이의 뇌를 조절하는 대상회가 활성화되어 아이도 집중력이 높아져 대화에 집중하게 된다. 아이와 대화할 때는 마음이 편안해질 수 있는 포근한 공간을 찾는다. 파스텔톤 커튼이 살짝 쳐져 있는 방, 부드러운 인형이 있는 방, 푸근한 안락의자 등 편안한 호흡으로 마음과 몸을 준비하고 아이와 이야기를 시작한다. 이야기를 하기도 전에 아이와 공감이 일어나 아이는 마음의 문을 열 것이다. 이것이 아이와 함께하는 일상 속 명상이다. 부모는 아이에게 한 번의 잔소리보다 한 번의 공감을 먼저 하라.

〈우리 아이 행복하게 만드는 명상 TIP〉

"나는 네 편이야!" 부모의 아이 공감 실천 방법

- 대화할 때는 아이와 눈을 바라보면서 말한다.
- 아이의 말에 먼저 공감해 주고 난 다음 부모의 말을 한다.
- 아이의 행동을 '좋다', '나쁘다'로 판단하지 않는다. 아이의 행동을 있는 그대로만 받아들인다.
- 아이의 행동에 대한 판단은 아이가 어떻게 하면 좋을지 스스로 생각하고 말하게 한다.
- 아이가 비난받지 않고 존중받았다는 느낌이 들게 항상 아이의 말을 경청하고 존중해 준다.

03

숨만 잘 쉬어도 행복해진다

20여 년 초등학교에 있는 동안 담임을 맡은 우리 반은 명상으로 하루를 열었다. 아이들에게는 명상이 뇌와 관련된 과학적인 활동이라는 것을 학기 초에 알려주었다. 처음 명상을 뇌와 관련하여 설명하는 시간이면 아이들은 한 시간 내내 명상 이야기를 신기한 듯 경청했다. 아이들도 과학적인 근거가 있는 명상이 자신들에게 좋다는 것을 바로 알아차렸다. 하루의 수업을 시작하기 전 복식호흡으로 마음을 가다듬고 음악을 들으며 3분 명상을 한다. 아이들은 호흡하고 음악을 듣는 경험만으로도 차분해진다. 호흡에는 차분해질 수밖에 없는 뇌의 비밀이 숨어 있다. 궁금해지지 않는가?

숨을 들이쉬고 내쉬는 데 왜 마음이 편해지고 긴장이 이완되는 것일까? 우리 몸에는 교감신경과 부교감신경이 있다. 교감신경은 몸을 주로 활성화하는 데 관여하고 부교감신경은 활성화된 부분을 다시 제자리로 돌려서 균형을 맞추는 역할을 한다. 교감신경은 우리 등 쪽 척추에 모여 있으며 부교감신경은 목의 위쪽 부분과 꼬리뼈 천골에 있다. 들이쉬는 숨은 교감신경과 관련이 있고 내쉬는 숨은 부교감신경과 관련이 있다. 그래서 들숨보다 날숨을 길고 천천히 내쉬면 몸이 이완되면서 편안해지는 것이다. 호흡 명상하는 동안은 마음에 있는 모든 것을 다 내려놓는다. 오직 들숨과 날숨에 집중하며 지금 여기 존재함을 느껴본다. 이 순간 나는 그냥 나이다. 명상 중에 잡념이 들면 '나는 지금 명상 중' 하며 생각이 자연스럽게 흘러가도록 한다. 소리가 들리면 들리나보다 알아차린다. 마음을 내려놓고 들으면 소리는 그냥 소리일 뿐이다. 숨은 언제 어디서든지 집중하여 알아차리면 편안해진다.

호흡은 언제 어디에서 할 수 있는 쉽고 간단한 명상이다. 명상 자세는 의자에 앉아서도 할 수 있고 바닥에 앉아서도 할 수도 있으며 누워서도 할 수 있다. 다만 자동적인 의식이 아니라 알아차리려는 수동적 의식이다. 어떤 자세든지 자신이 편한 자세면 된다. 눈은 반쯤 뜨고 해도 되고 살포시 감고 해도 된다. 초보자는 모든 것을 차단할 수 있게 눈을 감는 것이 좋으나 잠이 올 수 있으니 경계한다. 하지만 몸의 자세만큼 중요한 것이 마음의 자세다. 너무 잘하려고 하지도 말고 너무 풀어지지도 않는다. 처음에는 들이마시는 들숨과 내쉬는 날숨에 집중한다. 숨을 들이쉬고 내쉬면서 오직 호흡에 집중한다. 들이마실 때 배에 공기를 가득 넣고 내쉬면서 풍선에서 바람이 빠지듯 천천히 공기를 내보낸다. 세 번 계속한다. 그 뒤로는 자연스럽게 숨이 들어가고 나가게 한다. 편안하게 공기가 들어가고 나가는 것을 알아차리고 몸에서 느껴지는 감각을 느끼면 된다. 공기가 들어가면서 코끝을 스치는 느낌, 들숨과 날숨의 온도 차이 등을 가만히 마음에 챙겨본다. 긴장이 풀어지면서 편안하게 이완되는 것을 느낄 수 있다.

미국의 명상 전문가 수잔 카이저 그린랜드는 그의 저서 『미국 UCLA 명상 수업』에서 어린아이에게 인형을 활용하여 복식 호흡을 알려준다. 아이를 바닥에 편안하게 누이고 인형을 배에 올린 다음 들이마시며 배에 공기를 가득 넣어 인형이 배 위로 올라가게 하고 천천히 내쉬면서 인형이 아래로 내려오도록 한다. 아이에게 배를 흔들어 인형을 재운다고 생각해 보자고 한다. 아이들은 명상도 놀이처럼 하면 좋다. 아이들은 순수하여 잘 따라 한다.

명상은 내가 생각하는 대로 적용해 보아도 좋다. 처음 명상하는 부모들을 위하여 호흡과 함께 시작하는 기초 명상부터 알려 드리려 한다. 명상은 오감을 활용한 상상하는 것에서 시작한다. 기초 명상은 처음 명상을 접하면서 명상 중에 심신에 어떤 느낌이 드는지 경험해 보는 명상이다. 명상 체험 단계는 다음과 같다.

〈기초 명상〉

1단계

• 코로 숨을 들이마시면서 배에 공기를 가득 넣고, 코로 내쉬면서 풍선에서 바람이 빠지듯 천천히 공기를 내보낸다. 세 번 반복한다.

2단계

• 편안하게 앉은 자세로 허리, 가슴, 목을 곧게 편다. 머리는 앞을 향하고 눈은 살며시 감는다.

• 양손은 무릎 위에 살포시 올려놓는다. 부모와 아이가 함께 숫자를 십에서 일까지 거꾸로 세며 상상으로 바다 밑까지 들어간다. 내 몸이 조용하고 깊은 바닷속으로 천천히 가라앉는 느낌을 알아차린다.

"10→9→8→7→6→5→4→3→2→1"

• 깊고 조용한 바닷속에 와 있다고 온몸으로 느끼면서 마음의 눈으로 고요하고 조용한 바닷속을 둘러본다.

3단계

• 2단계 명상이 익숙해지면 일상생활에서 바로 긴장이 이완될 수 있도록 연습한다.

• 명상음악을 듣거나 걷거나 먹거나 한곳에 집중하면서 알아차릴 수 있도록 생활 속에서 수련한다.

• 명상 중 다른 생각이 일어나면 애쓰지 않고 생각이 물 흐르듯 흘러가도록 한다.

자, 이제 자녀와 호흡과 명상을 함께 해보자. 명상을 하기 전 아이가 명상을 잘할 거라는 기대는 내려놓고 명상 자체에 집중해야 한다. 부모가 여유를 가지고 천천히 부드러운 목소리로 아이를 이끈다.

공황장애를 앓고 있는 한 여인이 있었다. 어렸을 적 어머니와 아버지는 먹고살기 위해 장사를 떠나고 어린 나이에 동생을 돌보며 살아야 했다. 아버지와 어머니는 장사를 한 번 떠나면 열흘에 한 번 집에 돌아왔다. 여덟 살 난 아이가 남동생을 돌보며 밤이면 너무 무서워서 밖에 나가지도 못하고 떨었다. 배가 너무 고파서 동네를 돌며 동냥을 해서 동생과 함께 먹었다. 아버지와 어머니는 너무 엄해서 여인은 동생을 돌보면서 힘든 마음을 한 번도 이야기해 보지 못했다.

어른이 되고 나서 그때만 생각하면 가슴이 답답해지고 숨이 막히는 증상이 생겼다. 지금도 엄마만 보면 그때 생각이 올라와서 서로 만나지도 않는다. 여인은 자신의 이야기를 한 번도 속 시원하게 입 밖으로 꺼내 본 적이 없다며 처음 몇 번은 가슴에 있는 이야기를 숨도 안 쉬고 토해냈다. 자신의 이야기를 한 것만으로도 너무 후련하다고 말했다. 그 긴 세월 동안 가슴에 상처를 안고 살아왔으니 가슴이 답답한 것은 이상한 일이 아니었다. 숨을 들이마시고 깊게 내쉬는 복식 호흡과 자신의 호흡을 바라보고 느껴보는 호흡 명상을 함께 하게 되었다. 또한 여인의 마음속에서 울고 있는 여덟 살짜리 내면 아이를 만났다. 여인은 아이가 힘들었던 시간을 위로하고 돌보기 시작했다. 그러면서 숨이 막히는 증상도 조금씩 나아지게 되었다. 숨을 편하게 쉴 수 있어서 살 것 같다며 여인은 환하게 웃었다.

숨의 빠르기는 그 사람 마음의 빠르기다. 마음이 불안한 사람은 얕은 가슴 숨을 쉰다. 반면 긴장이 이완되고 편안한 사람의 숨은 깊고 고요하다. 수련을 많이 한 고승들의 숨은 길고 깊다. 평범한 사람들은 놀라거나 흥분하면 숨이 가빠진다.

마음이 불안하기 때문이다. 평상시에 숨을 여유 있게 쉬는 연습이 필요하다. 바쁜 일상생활 속에서 잠시 자신의 호흡에 의식을 집중하면 몸과 마음이 편안해지면서 안정된다. 편안한 호흡은 마음만 먹으면 언제 어디서나 할 수 있다.

들숨과 날숨에 집중하여 명상할 때 내면에서는 잡념이, 밖에서는 소음이 끊임없이 자신을 흔들어 놓을 수 있다. 그러면 어떤가? 어떤 현상이든 의미를 두지 않고 바라보면 시간이 흐름에 따라 그냥 사라진다. 명상은 너무 잘하려고 애쓰지 않는다. 잡념이 일어나면 조용히 마음의 눈으로 바라보고 소음이 들리면 들리는 대로 그대로 둔다. 잡념이나 소음에 거슬리는 자신의 마음조차 알아차리고 내려놓고 오직 호흡에 집중한다.

오늘을 살기 위해 출발하는 아침, 아이와 함께 세 번 깊은 숨쉬기, 버스나 지하철을 기다리면서 호흡하기, 점심을 먹고 산책하면서 호흡하기, 식사 전 감사하는 마음으로 호흡하기, 하루를 마감하는 잠자리에서 호흡하기, 아침에 일어나기 전 잠자리에서 호흡하기 등 틈이 날 때 내 호흡을 챙기는 습관이 들면 마음이 안정되고 행복해진다. 일상이 의식하지 않아도 명상이 된다. 부모가 먼저 명상하는 분위기를 만들고 아이가 자연스럽게 명상에 젖어 들게 하라. 숨만 잘 쉬어도 행복은 저절로 온다.

〈우리 아이 언제 어디서나 편안해지는 호흡 명상 TIP〉

'숨만 잘 쉬어도 행복!' 호흡 명상 실천 방법

- 편안하게 들이쉬며 배에 숨을 가득 넣고 내쉬면서 내 호흡에 집중해 본다.
- 아이와 함께 자연스럽게 복식 호흡하는 연습을 일상생활 속에서 수시로 한다.
- 잠자기 전 누워서, 아침에 잠자리에서 호흡한다.
- 숨만 잘 쉬어도 편안하고 행복해진다.

04

내 아이가 좋아하는 누워서 하는 명상

우리 집은 아들 둘에 딸이 여섯인 딸 부잣집이다. 자녀가 많아서 아버지, 어머니, 할머니는 우리를 기르느라 힘드셨지만 우리는 행복한 유년 시절을 보냈다. 지금도 생각나는 것이 저녁에 자려고 빨간 목단꽃이 그려진 이불을 방 아랫목에서 윗목까지 쫙 깔아 놓으면 우리는 신나서 그 이불 위에서 뒹굴었던 기억이다. 엄마는 이불 밟지 말라고 말씀하셨지만, 일단 이불을 깔면 그런 소리는 귀에 들리지 않고 언니, 동생과 노느라고 정신이 없었다. 엄마는 웃으시며 행복하게 이불에서 노는 우리들의 모습을 바라보셨다. 지금 생각하면 그것이 '이불 명상' 아니었나 생각된다. 지금도 아주 행복한 기억으로 남아 있다.

나는 명상을 누워서 하는 것을 제일 좋아한다. 하루가 다 끝나고 잠자리에 누워서 복식 호흡으로 몸과 마음을 정리하고 하루를 되돌아보면서 행복했던 순간들을 오감으로 생생하게 다시 느껴본다. 그러면 신기하게도 감사한다는 말이 저절로 나와 '감사 명상'도 함께하게 된다. 아침에는 눈을 뜨면 바로 일어나지 않고 다시 복식 호흡으로 몸과 마음을 깨운다. 누워서 복식 호흡으로 하루를 시작하면 행복한 마음이 제일 먼저 든다. '행복 명상'이 저절로 된다. 누워서 편안하게 하는 명상은 여러모로 효과가 좋다. 몇 번만 해보면 '누워서 명상'의 매력에 푹 빠질 것이다. '누워서 명상'을 다른 사람들에게 강력하게 추천하고 싶다.

학교에서 아이들과 강당에서 '누워서 명상'을 해보았다. 처음에는 아이들이 누워서 명상한다고 하니까 별로 내켜 하지 않았다. 복식 호흡으로 몸과 마음을 정리하고 발끝에서 머리까지 천천히 긴장을 풀도록 안내했다. 명상 후 소감에서 잠이 왔다는 아이들도 있었고, 실제로 잠을 자면서 꿈을 꾼 아이들도 있었다. 몸이 편안해지고 가벼워졌다고 말한 아이도 있었다. 아이들이 명상하고 제일 많이 한 말은 '너무 편안하고 좋았다.'였고 다음에 꼭 다시 하자는 말이었다. 아이들과 해본 명상 중에서 제일 만족도가 높았다.

누워서 명상은 어렵지 않다. 잠자기 전 이불에 아이와 함께 누워서 부모의 포근한 목소리로 이끌어주면 된다. 아이는 아마도 이 세상에서 제일 행복한 마음으로 잠들게 될 것이다. 누워서 명상 예시 멘트를 보면 다음과 같다. 예시 자료와 똑같이 할 필요는 없다. 엄마가 우리 집 환경과 내 아이에 알맞게 변경해서 써도 된다. 그날 아이와 있었던 행복한 이야기를 나누어도 좋다. 아마도 아이는 명상하다 보면 잠이 올 것이다. 명상할 때 잠을 자면 안 된다고 하는 사람도 있는데 누워서 명상은 하다 보면 자게 된다. 명상 중 잠이 온다는 반응은 명상을 잘하고 있다는 증거이다. 명상 뇌파는 수면과 각성 사이에 나오는 느린 뇌파이므로 수면 뇌파와 많이 닮아 있다. 잠이 오면 어떤가? 누워서 부모의 목소리로 들으며 명상한다는 자체만으로도 아이는 행복할 테니까.

〈누워서 명상〉

1단계

- 편안한 자세로 누워서 눈을 감는다.
- 코로 숨을 들이마시면서 '나는 편안하다', 코로 숨을 내쉬면서 '나는 정말 편안하다'를 읊조린다. 세 번 반복한다.

• 몸이 바닥에 닿아 있는 부분에 집중하여 느껴지는 대로 느껴본다.

• 지금 여기 내가 존재하고 있음을 알아차려 본다.

2단계

• 누워서 명상(바디스캔)

• 부모의 부드러운 목소리로 아이를 편안하게 유도한다.

('누워서 명상' 엄마 멘트 예)

• 왼발 발가락의 긴장을 풀고 '내 왼발의 발가락은 너무 편안하다. 생각하며 편안함을 느껴봐.

• 오른발 발가락에 긴장을 풀고 '내 오른발의 발가락은 너무 편안하다.' 생각하며 편안함을 느껴봐.

• 왼발의 긴장을 풀고 '내 왼발은 너무 편안하다.' 생각하며 편안함을 느껴봐.

• 오른발의 긴장을 풀고 '내 오른발은 너무 편안하다.' 생각하며 편안함을 느껴봐.

• 왼쪽 다리의 긴장을 풀고 '내 왼쪽 다리는 너무 편안하다.' 생각하며 편안함을 느껴봐.

- 오른쪽 다리의 긴장을 풀고 '내 오른쪽 다리는 너무 편안하다.' 생각하며 편안함을 느껴봐.
- 왼쪽 허벅지의 긴장을 풀고 '내 왼쪽 허벅지는 너무 편안하다.' 생각하며 편안함을 느껴봐.
- 오른쪽 허벅지의 긴장을 풀고 '내 오른쪽 허벅지는 너무 편안하다.' 생각하며 편안함을 느껴봐.
- 엉덩이의 긴장을 풀고 '내 엉덩이는 너무 편안하다.' 생각하며 편안함을 느껴봐.
- 허리의 긴장을 풀고 '내 허리는 너무 편안하다.' 생각하며 편안함을 느껴봐.
- 왼쪽 팔의 긴장을 풀고 '내 왼쪽 팔은 너무 편안하다.' 생각하며 편안함을 느껴봐.
- 오른쪽 팔의 긴장을 풀고 '내 오른쪽 팔은 너무 편안하다.' 생각하며 편안함을 느껴봐.
- 왼쪽 어깨의 긴장을 풀고 '내 왼쪽 어깨는 너무 편안하다.' 생각하며 편안함을 느껴봐.
- 오른쪽 어깨의 긴장을 풀고 '내 오른쪽 어깨는 너무 편안하다.' 생각하며 편안함을 느껴봐.

- 목의 긴장을 풀고 '내 목은 너무 편안하다.' 생각하며 편안함을 느껴봐.
- 얼굴의 긴장을 풀고 '내 얼굴은 너무 편안하다.' 생각하며 편안함을 느껴봐.
- 머리의 긴장을 풀고 '내 머리는 너무 편안하다.' 생각하며 편안함을 느껴봐.
- 이제 머리부터 발끝까지 온몸의 편안함을 느껴봐.
- 내 몸은 너무 편하고 가벼워졌어.
- 잠시 그 편안함을 온몸으로 느껴봐.

- 명상이 끝나면 손가락과 발가락을 꼼지락거리며 눈을 뜨고 현실로 돌아온다.

'누워서 명상'이 끝나면 몸이 가벼워진 느낌이거나 몸이 사라진 것 같은 느낌이 들기도 한다. 또한 호흡과 의식만이 남아 있는 상태처럼 느낄 수 있다. 편안하게 누워서 하기 때문에 초보자도 쉽게 이완 상태에 들어갈 수 있다. '누워서 명상'으로 집중력이 모이면 아픈 곳의 치유력도 가져올 수 있다.

나는 요즘 퇴근 시간이면 딸의 아이들을 보러 간다. 세 돌 된 큰아이와 이제 돌이 지난 작은아이는 내가 가면 이불에서 뒹굴고 놀아 주기를 기다린다. 하루도 거르지 않고 이불에서 아이들과 아이처럼 뒹굴고 논다. 내가 어린 시절 해보았던 이불 명상을 이제는 나의 손자들과 함께 즐겁게 한다.

하루를 끝내고 잠자기 전 그 놀이가 얼마나 재미있는지 알기에 나도 행복한 마음으로 아이처럼 논다. 놀이할 때는 아이처럼 순수한 마음이 된다. 아이들과 하는 이불 명상이 아이들도 나도 행복하게 한다. 아이들의 마음에 잊지 못할 행복한 추억이 될 것이다. 아이들과 할 때는 명상도 놀이처럼, 놀이도 명상처럼 하면 된다.

'누워서 명상'은 앉아서 하는 명상보다 훨씬 쉽게 할 수 있다. 몸에 집중하다 보면 몸에 대한 감수성과 신체 부위에 대한 감각도 발달한다. 또한 순간순간을 알아차리는 통찰 능력도 높아진다. 부모는 자녀에게 좋은 음식과 좋은 경험을 주려고 노력한다. 하지만 아무리 좋은 것이라도 마음이 불편하면 아무 소용이 없다. 하루를 마무리하는 저녁에 자녀와 누워서 그날에 있었던 행복한 일들을 이야기하며 나누는 대화는 아이의 마음에 무엇보다 좋은 추억이 된다. 내 아이가 좋아하는 '누워서 명상', 오늘부터 시작해 보자. 누워서 명상하는 것 자체가 이미 아이와 함께하는 행복 명상이다.

〈지금 순간을 행복하게 만드는 명상 TIP〉

"함께라서 행복해요!" 누워서 명상 실천 방법

- 아이와 함께 누워서 시작한다.
- 아이를 포근하게 안아준다.
- 숨을 들이쉬고 내쉬면서 편안하게 몸을 이완한다.
- 행복했던 추억을 함께 이야기하고 그때의 감정을 온몸으로 느껴본다.
- 아이의 있는 그대로를 사랑함을 이야기해 준다.

05

슬기롭게 감정 표현하는 법을 가르쳐라

3월이면 아이들도 한 학년 진급하여 친구들을 만난다. 서로를 잘 모르니 종종 갈등을 일으킨다. 아이들이 건강하니까 갈등도 생긴다. 건강한 아이들이 잘 지낼 수 있게 갈등을 조정하는 방법을 가르쳐 주는 일은 대단히 중요하다. 또한 나와 친구가 서로 다름을 알고 인정하며 배려하는 방법도 배워야 한다. 아이들은 학교에 와서 공부만 배우는 것이 아니다. 배울 것이 참 많은 우리 아이들이다. 학교뿐만 아니라 또한 가정에서도 부모로부터 배울 것이 많다. 모든 행동의 기본이 되는 감정을 알아차리고 알맞게 표현하는 일은 무엇보다 먼저 배워야 하는 마음공부다. 감정을 표현해 본 아이가 다른 친구의 감정도 이해한다. 부모인 나는 아이의 감정을 잘 받아 주고 적절하게 반응해 주고 있는지 한 번 생각해 볼 필요가 있다.

현성이는 화가 나면 화를 주체하지 못하는 남자아이였다. 별거 아닌 일에 화를 내고 친구를 때리기도 했다. 특히 아이들이 모여 있기만 하면 자신의 이야기를 한다고 선생님께 이르러 왔다. 친구들에게 현성이 이야기를 했느냐고 물어보면 전혀 아니라고 대답했다. 한번은 어떤 형이 지나가면서 자신의 이름을 부르며 놀렸다고 달려왔다. 이미 흥분하여 얼굴은 벌겋게 달아올랐고 5학년 형의 이름을 대며 화를 냈다. 쉬는 시간에 5학년 학생을 데려다 물어보았다. 5학년 학생은 어이가 없어 하며 우리 학교에 현성이와 같은 이름 가진 체육 선생님 이야기를 친구와 했다고 말했다. 5학년 형을 대면하고 확인했음에도 불구하고 현성이는 자신을 놀린 거라고 울고불고 난리를 쳤다. 현성이의 모든 신경은 온통 다른 사람들한테 가 있었다. 피해의식이 현성이를 지배하고 있었다. 친구들도 현성이가 말도 안 되는 일로 자꾸 트집을 잡고 싸우려 하니 함께 놀려고 하지 않았다.

현성이는 수업 시간에도 집중을 못 하고 불안해했다. 수업에 흥미가 없으니 떠드는 일이 잦았다. 수업에 방해가 되니 조용히 하라고 하면 무조건 웃었다. 혼나도 웃고 민망해도 웃고 미안해도 웃었다. 현성이의 감정 표현은 웃거나 아니면 불같이 화를 내거나 딱 두 가지였다. 현성이에게 웃을 때와 웃지 않을 때를 설명하며 고쳐보려고 했지만 변화가 없었다.

선생님 중에 현성이의 이웃에 사는 선생님이 한 분 계셨다. 어쩌다 만나게 되었는데 선생님은 현성이에 관해 물으셨다. 내가 어물어물하니까 선생님은 힘들겠다며 말씀하셨다. 현성이의 엄마는 고등학교 때 현성이를 낳고 현성이는 현성이 외할머니가 길렀다고 한다. 현성이 외할머니도 그때는 젊으셔서 현성이 또래의 아이를 낳은 상태였고 딸이 미혼모로 현성이를 낳자 아이 둘을 함께 키웠다고 한다. 선생님의 이야기를 들으며 현성이가 왜 두 가지 감정만 갖게 되었는지 이해가 되었다. 딸이 학교도 중퇴하고 낳은 아이가 어머니 입장에서는 예쁘지 않았을 것이다. 현성이는 당연히 사랑받지 못하고 자랐을 것이다. 야단을 맞을 때 어떻게 자신을 표현하는지 모르는 현성이는 아마도 웃었을 것이다. 할머니는 마음이 아프기도 하고 어린 것이 웃으니 그냥 넘어갔을 것이다. 현성이는 웃으면 다 되는지 알고 아마도 곤란한 상황이 되면 웃었을 것이다.

며칠 후, 현성이 어머니를 학교에 오시라고 하고 현성이의 행동에 대해 말씀드렸다. 현성이 어머니는 이제는 가정을 이루고 현성이를 잘 키우려고 노력하고 있었다. 현성이 어머니는 현성이에게 미안한 마음이 있어서 야단치지 않고 아이를 친구처럼 대한다고 했다. 결국 현성이는 어디에서도 감정 표현이나 자기의 행동에 대한 책임을 지는 교육을 받지 못하고 자라고 있었다.

아이들은 자신의 감정을 잘 모른다. 더군다나 부모가 자신의 감정을 받아 주지 않으면 감정을 표현하지 않고 억압한다. 또한 감정을 표현하는 것이 나쁜 것으로 인식하게 된다. 감정은 부정적 감정이든, 긍정적 감정이든 좋고 나쁜 것이 없다. 잘 표현하는 것이 제일 중요하다. 어린 시절 아이가 학대나 부모와의 애착 형성 부족, 정서적 돌봄을 못 받으면 살아가게 되면 자신의 욕구좌절이나 스트레스 상황이 오면 충동적이고 폭력적으로 대응하게 된다. 어린 시절 심리적 상처를 받은 아이들은 해마가 위축되고 스트레스 호르몬인 코르티솔의 수준이 높아진다. 그로 인해 집중력과 충동적 행동에 대한 자제력 또한 약해진다.

아이들은 처음 경험하는 것이 많아서 실수를 자주 한다. 어른도 처음 하는 것은 망설여지고 스트레스를 받는데 아이는 어떨 것인가? 아이의 실수는 당연하다. 하지만 아이는 잘하는 것도 많다. 우선 부모에게 조건 없는 즐거움을 주고 또한 무엇이든 배우려고 노력한다. 부모는 아이의 잘하는 행동에 초점을 맞추고 격려해 주어야 한다. 아이가 자랄수록 부모의 기대치가 높아져서 잘하는 행동은 보이지 않고 못 하는 모습만 자꾸 눈에 띄게 된다. 그러다 보니 부모는 아이를 칭찬하기보다 혼내는 말을 많이 하게 된다. 부모는 잘하라고 하는 말이지만 처음 해보는 아이는 마음의 상처를 입는다. 아이가 100점을 받든, 30점을 받든 아이 존재 자체로 귀하고 사랑스럽다는 표현을 부모가 해주어야 한다. 부모로부터 조건 없는 사랑을 받은 아이는 자기 자신에 대한 믿음이 생겨 당당해진다. 부모가 먼저 부모의 감정을 솔직하게 아이에게 표현하면 아이는 부모를 보고 배운다.

어른들도 마찬가지이다. 부부 사이의 대화에서도 자신의 이야기만 하고 배우자의 이야기를 잘 듣지 않는 행동으로 싸움이 일어난다. 인간중심 전문 상담가인 연문희 교수는 그의 저서『행복한 부부도 A/S가 필요하다』에서 부부의 대화법에 대해 말하고 있다. 부부가 대화가 잘 안 될 때 토킹피스를 하나 정하여 가지고 있는 사람이 먼저 이야기한다. 다른 배우자는 토킹피스를 가지고 이야기하는 배우자의 이야기가 다 끝날 때까지 경청한다. 그다음 '나 전달법'으로 자신의 감정을 전달하는 대화법을 소개하고 있다. 어른들도 어려서부터 부모로부터 자신의 감정을 전달하는 방법을 슬기롭게 배웠었다면 다른 사람과의 소통이 좀 더 쉽지 않았을까?

자신의 감정을 상대방의 기분을 상하지 않고 전달하는 방법으로 '나 전달법'이 있다. 3월 초 아이들에게 자신의 감정을 전달하는 '나 전달법'을 가르쳤다. 1년 내내 '나 전달법'을 실천하고 갈등을 조정하는 방법을 가르치니 웬만한 갈등은 자기들끼리 해결하는 모습이 보였다.

'나 전달법'은 말할 때 주어가 '나'다. 사람들은 말을 할 때 '너 전달법'을 많이 쓴다. 특히 상대방을 비난할 때 많이 쓴다.

"너 때문에 그렇다.", "야! 너 나를 밀치고 갔잖아."

'너 전달법'은 상대방이 비록 잘못했더라도 들으면 비난처럼 들려서 기분을 나쁘게 한다. 대신 '나 전달법'은 상대방의 잘못을 비난하지 않고 상대방의 행동으로 인해서 불편한 나의 감정을 전달한다.

"나는 네가 치고 가서 아주 불편했어."

"나는 네가 내 연필을 이야기도 안 하고 가져가서 아주 속상해."

'나 전달법'에는 비난하는 말은 없고 전달하려는 나의 감정만 있다.

아무리 '나 전달법'으로 감정을 전달하려고 해도 상대방이 잘 들어주지 않으면 소용이 없다. 대화의 기본은 경청이다. 아이들은 자신의 이야기만 하고 다른 사람의 이야기를 들으려 하지 않는다. 대화 도중에 불쑥 끼어들기도 하고 친구가 발표해도 이야기를 듣지 않고 다른 짓을 하기가 일수다. 친구 사이에도 친구의 이야기를 잘 들어주는 아이가 인기가 있다. 어른도 마찬가지다. 대화의 기본은 경청이다.

아이들과 원으로 둘러앉아 인형을 가진 친구만 이야기하고 다른 친구들은 인형을 가진 친구의 이야기를 듣는 연습을 했다. 인형은 '토킹피스'로 이야기하는 사람만 가지고 있는 표징이다. 다른 친구들은 인형을 가진 친구의 이야기를 경청한다. 처음에는 친구의 이야기를 귀담아듣지 않고 장난을 치거나 잡담하는 아이들도 있었다. 몇 번을 연습하다 보니 제법 친구의 이야기에 귀를 기울이는 모습이 보였다. 어려서부터 다른 사람의 이야기를 잘 듣고 자신의 감정을 전달하는 연습이 된다면 학교에서의 다툼뿐만 아니라 가정에서의 갈등도 많이 줄어들 것이다.

미국의 심리학자인 존 가트맨(John Gottman) 박사는 그의 저서 『내 아이를 위한 감정코칭』에서 부부의 관계에 관한 실험 결과를 소개하고 있다. 부부들을 8시간 떨어져 있게 한 뒤 실험실에서 만나게 하고 그들의 대화나 심장이 뛰는 속도, 손바닥에 나는 땀의 양 등을 측정했다. 대화는 서로의 관계에 중요한 문제 한 가지만 선택해서 15분 동안 이야기를 나누게 하고 비디오로 촬영했다. 이 부부들의 대화를 보고 연구팀은 3년 내외에 그들의 결혼이 어떻게 될지를 추측했다. 많이 흥분하고 손바닥에 땀이 많이 나는 부부일수록 결혼에서 파국을 맞는 결과를 가져왔다. 실험의 결과는 대단히 높은 예측률을 보였다. 이 실험은 20년 동안 지속되었다. 결국 부모의 불행한 결혼 관계는 아이의 생명까지도 영향을 주는 것으로 나타났다. 특히 부모의 이혼은 아이의 면역력을 약화시켜 건강에 영향을 주는 것으로 나타났다.

슬기롭게 상대방을 비난하지 않고 자신의 감정을 전달하는 경험은 매우 중요하다. 부부가 먼저 서로 존중해 주면서 대화하는 모습을 아이에게 보여야 아이는 부모를 보고 배운다. 부모가 폭력적이고 거친 말로 대화하는 모습을 보고 자란 아이는 똑같이 배울 수밖에 없다. 부모는 아이의 거울이다. 거울이 왜곡되지 않도록 항상 깨어서 알아차려야 한다. 소중한 내 아이에게 슬기롭게 감정 표현하는 법을 가르쳐라. 그것이 부모가 내 아이에게 줄 수 있는 최고의 선물이다.

06

함께 명상할 때 마음이 움직인다

몇 년 전 봄에 서울 남산으로 걷기 명상을 하러 갔었다. 파릇파릇한 봄 새싹들이 올라오는 남산은 싱그러움 그 자체였다. 꽤 많은 사람이 둘레길을 걸으며 하늘의 구름도 보고 새 소리도 들으며 행복을 온몸으로 느꼈다. 걷다가 만난 흐르는 물에서 나뭇잎에 나만의 근심을 실어 떠나보내고 마음이 가벼워지기도 했다. 행복한 마음들이 모이니 공명이 일어나 행복이 플러스되는 듯했다. 행복이 행복을 끌어당기니 모두 얼굴이 꽃처럼 피어났다. 처음 보는 사람들인데 몇 년은 만나 사람들처럼 마음이 통해 있었다. 방송기자였던 김상운 작가는 그의 저서 『왓칭』에서 같은 생각을 하는 사람들이 모여서 공명이 일어나면 그 힘은 어마어마하다고 했다. 명상도 함께하면 그 힘이 세져서 상상하지 못할 행복을 가져온다.

행복해지려면 자녀와 함께 '걷기 명상'을 하라고 권하고 싶다. 걷기 명상은 신체를 움직이며 하는 명상이므로 다른 명상에 비해 지루하지 않고 집중하기가 쉽다. 거창하게 산에 가서 걷지 않아도 된다. 집 옆의 공원을 걸어도 좋고 마트 가는 길을 걸어도 좋다. 굳이 이야기를 많이 하지 않아도 된다. 부모나 아이도 가끔은 자신에게 집중해 보는 시간을 가져 보면 좋다. 걸음에 집중하고 그냥 지금 여기서 느껴지는 감각을 느껴보면 된다. 익숙해지면 그동안 습관적으로 자동 조종 상태로 했던 다른 행동들도 알아차리는 통찰이 일어난다. 행복은 과거에 있는 것도 아니고 미래에 있는 것도 아니다. 지금, 현재에 존재한다. 지금 아이와 함께하는 시간을 최고의 시간으로 알고 즐기면 된다.

아이들과 학교 꽃밭을 걸으며 걷기 명상을 함께 해보았다. 아이들은 매일 아침 습관적으로 걸어서 꽃밭을 지나 교실로 왔을 것이다. 꽃밭에 어떤 꽃이 피어 있는지 관심이 없었다. 관심이 없으니 꽃도 보이지 않았을 것이다. 침묵하고 걸으면서 꽃밭을 보니 그렇게 예쁜 꽃이 많이 피어 있는지 몰랐다고 아이들은 말했다. 한 걸음, 한 걸음 걸어가면서 발의 감각과 귓가에 들리는 소리, 발의 촉감, 스치는 바람, 보이는 꽃의 모습을 오감으로 느껴보았다. 이렇게 집중하며 걷게 되니 운동장에서 체육 하는 소리도 시끄럽지 않게 되었다고 아이들은 경험을 이야기했다. '걷기 명상'을 하는 동안 아이들은 몰라보게 차분해지고 행복해 보였다. 꽃과 대화도 나누고 자신만의 꽃에 이름을 붙이고 그려보기도 했다. 자신도 모르게 집중력이 올라간 것 같다고 소감을 말하기도 했다.

엄마는 열 달 동안 아이를 배 속에 품고 함께 살다가 세상에 내보낸다. 엄마와 아이는 에너지가 같을 수밖에 없다. 그런데 엄마도 사람이다. 힘들고 지치면 짜증이 난다. 아이를 기르면서 아이에게 나의 온 마음을 다 주는 것도 좋지만 자신을 위한 시간을 남겨 두어야 한다. 그래야 아이를 더 잘 키울 수 있다. 행복한 엄마의 얼굴은 아이의 자존심이다. 엄마가 행복해야 아이도 행복하다. 그래서 엄마는 자신을 돌볼 수 있는 시간을 확보해야 한다. 바쁜 시간 잠시 다 내려놓고 나를 위해 차 한잔 마시기, 마트 가는 길 쇼윈도에 보이는 화사한 원피스 보기, 나를 위한 음악 듣기, 나를 위한 작은 꽃 한 다발 선물하기, 가까운 공원에 산책하기 등의 소소한 일들이 있다. 거창하진 않지만, 엄마를 위한 시간은 일상 곳곳에 숨어 있다. 여유로운 눈으로 보면 그 보석 같은 시간을 볼 수 있다. 부모가 행복해야 아이도 행복하다.

일상생활에서 나를 위한 명상의 시간을 습관처럼 챙겨야 한다. 명상하다 보면 일상이 명상이 된다. 그런 분위기에서 자녀와 함께 명상하라. 아이는 부모를 보고 그대로 따라 한다. 특히 아이는 엄마와 너무도 닮아 있다. 엄마가 자연스럽게 명상하면 아이도 자연스럽게 따라온다. 명상은 결코 거창하지도 심각하지도 않다. 틈틈이 알아차리고 내 것으로 만들면 된다. 특히 추억을 함께 공유하고 있는 부모와 자녀는 명상을 함께 하라고 권하고 싶다. 함께 걸으며 행복했던 추억을 꺼내서 이야기하는 행동 모두가 명상이다. 그때 마음이 공명 되면서 행복이 가슴에 스며든다. 함께하며 일어나는 에너지는 힘이 세다. 자녀와 함께 명상하라. 행복이 저절로 굴러들어 올 것이다.

많은 사람을 상상하는 것만으로도 힘을 얻는 경우가 있다. 나의 경험이 그랬다. 20대에 교사가 되기 위해 시험을 준비하는 시절이 있었다. 낮에는 회사에서 일하고 밤이면 책상에 앉아 시험공부를 했다. 그때 친구의 도움으로 알게 된 명상은 나에게 너무나도 큰 힘을 주었다. 상상하는 것만으로도 희망이 없던 나에게 큰 힘이 되었다. 저녁에 공부하기 전, 명상으로 선생님이 되어 교단에서 아이들을 가르치는 장면을 극장의 스크린에 생생하고 컬러풀하게 떠올렸다. 또한 많은 사람이 선생님이 된 나를 축하하는 모습도 떠올렸다. 한 편의 영화를 보듯 나의 성공한 모습을 보았다. 이미 그때 나는 선생님이 되어 있었다. 그 꿈을 확인하는 시간이 힘이 되고 많은 사람의 축하가 가슴에 남아 공부하는 내내 설렜다. 그런 힘을 주는 명상을 한 덕분에 나는 당당하게 교사 자격시험에 붙을 수 있었다. 명상은 그렇게 힘이 세다. 행복한 명상을 많이 하라고 말하고 싶다. 정말 행복한 일들이 눈앞에 펼쳐진다. 이것이 명상의 힘이다. 상상하는 대로 이루어지는 우주의 법칙이다.

상담하다 보면 명상 치료가 필요한 분들이 있다. 한 여성이 상담 받으러 왔었다. 나름대로 열심히 공부하여 대학도 나왔고 작은 회사지만 취직하여 생활이 안정되어 가는데 마음이 행복하지 않다고 했다. 사연을 들어 보니 어렸을 적 엄마와 아빠가 많이 싸우셨다고 한다. 어린 시절을 생각하면 아버지와 어머니가 매일 싸우던 모습만 기억이 난다고 했다. 나이가 많으신데 지금도 여전히 싸우고 있다고 했다. 그 모습을 보면 지금도 스트레스를 심하게 받는다고 했다. 무엇보다 어렸을 적 저녁이면 아버지가 계단을 쿵쿵거리며 올라오시던 그 발소리가 아직도 자꾸 들린다고 했다. 발소리가 생각이 날 때면 어린 시절처럼 가슴이 심하게 뛰고 불안해서 행복하지 않다고 했다. 또한 아버지 어머니를 닮고 싶지 않은데 자신은 아버지를 닮은 것 같다고 했다. 아버지는 꼼꼼하고 정리 정돈을 잘하는데 자신도 그렇다고 했다. 아버지의 성격을 닮은 자신도 너무 싫다고 했다.

먼저 상담을 진행하면서 편안하게 긴장을 이완하는 명상을 했다. 명상이 조금 익숙해진 뒤 극장의 스크린에 아버지가 쿵쿵거리며 올라오는 그 장면을 생생하게 떠올리게 했다. 불안하게 떨고 있는 아이 옆에 지금의 성장한 자신을 함께 서게 했다. 작고 힘없는 어린아이 하나가 아니라 젊고 힘있는 또 다른 내가 옆에 서서 두 사람이 된 것이다. 아이에게 무서워하지 말라고 이렇게 젊고 씩씩한 내가 도와주겠다고 안심시키라고 했다. 그 후 아버지가 계단을 쿵쿵거리며 올라오던 두려운 장면을 액자에 넣게 하고 두 사람이 힘껏 지구 밖으로 던져서 멀리 사라지도록 했다. 같은 명상 치료를 두세 번 정도 했다. 그 여성은 더 이상 아버지의 발소리가 들리지 않게 되었고 마구 뛰던 가슴도 편안해졌다. 상상이지만 나를 지지하는 사람의 도움을 받는 것은 힘이 세다. 상상만으로도 긍정적 효과가 나타난다. 이것이 명상의 힘이다.

우리의 기억은 참으로 신비하다. 어릴 적 기억이 나도 모르게 무의식에 각인되어 있다가 어른이 된 다음에도 잊히지 않고 영향을 준다. 심리학자 융(Karl Gustav Jung)은 '우리의 의식은 거대한 바다에 떠 있는 코르크 마개에 불과하다.'라고 했다. 무의식의 바다에 어떤 생각들이 떠다니고 있는지 자신도 모른다. 사람이 기억으로 인해 괴로운 것은 기억으로 인한 부정적 감정이 올라오기 때문이다. 그럴 때 감각을 이미지로 떠올려 이미지를 없애주는 작업을 하면 기억이 희미해지거나 사라져서 더 이상 영향을 주지 않게 된다. 이 명상 치료는 뇌가 가지고 있던 부정적 정보를 희석하는 효과가 있다. 우리 뇌는 훈련시키는 대로 변화하는 성질을 가지고 있다. 내 아이의 기억에 좋고 행복한 기억만 각인되도록 부모는 항상 깨어서 알아차려야 한다.

명상을 수련하러 평생교육원에 다닌 적이 있다. 일주일에 한 번 20여 명의 사람들이 모여 집단상담 형식으로 명상 수련을 했다. 같은 에너지를 가진 사람들이 모이니 수업 자체가 행복했다. 이야기를 들어주고 이야기하는 수업이 너무 행복했다. 그중에 나이가 꽤 지긋한 부부가 함께 수업을 듣고 있었다. 처음에는 부부가 함께 명상을 공부하러 왔다고 잉꼬부부라고 모두 부러워했다. 시간이 흘러 자신을 들여다보고 깨닫는 사람들이 자신의 이야기를 꺼내는 경우가 많아졌다. 함께 수업받던 부부도 심중을 털어놓게 되었다. 이혼하려고 서류작성까지 다 해 놓고, 마지막이라 생각하고 명상 수업에 왔다고 했다. 명상 수련을 받으면서 자신에 대해 너무 많은 것을 깨닫게 되었다고 말했다. 또한 함께 명상을 공부하는 사람들이 해주는 위로가 힘이 되어 이제는 이혼하지 않고 다시 잘살아 보기로 했다고 말했다.

명상으로 맑아진 에너지가 모이니까 생각할 수 없는 마음의 치유가 일어나기 시작했다. 모두 다음 명상 수업 시간을 기다리다 수업에 온다고 했다. 전혀 모르던 사람들이 만났지만 오래전에 만나 사람처럼 위로가 되는 마음공부였다. 함께 명상할 때 마음이 행복한 에너지가 전달된다.

가족이 모여서 명상하면 행복이 공명되어 더 행복해진다.

명상은 여럿이 모여서 하면 그 에너지가 상상할 수 없이 올라간다. 그 공간 자체가 행복으로 가득 찬다. 그것이 명상의 공명현상이다. 가족이 함께 명상하면 사랑이 더해지기 때문에 더 상상할 수 없을 만큼의 효과를 가져온다. 아이들은 많은 것을 바라지 않는다. 부모가 곁에 있는 것만으로도 행복하다. 행복은 전염성이 강하다. 내 아이와 함께 명상할 때 마음도 몸도 변화된다.

〈우리 아이 집중력을 올리는 생활 속 걷기 명상 TIP〉

'집중력이 쑥쑥!' 걷기 명상 실천 방법

• 걸을 때는 기본적으로 10분 동안 침묵하며 걷는다. 부모나 아이 모두 가끔은 혼자만의 시간이 필요하다.
• 10분간 걸음에 집중하며 침묵으로 걸어본다.
• 처음 연습 때는 거실에서 왔다 갔다 하거나 계단을 걸으며 걸음에만 집중하며 걸어본다.
• 가까운 공원을 걸으며 주위에서 들리는 소리, 보이는 것 등에 집중해 본다.
• 부모와 아이가 마트 갈 때 함께 걸으며 걸음에만 집중해 본다.
• 아이와 걸으면서 느낀 점을 대화로 나누고 칭찬해 준다.

4장

가장 좋은 명상은 아이와의 스킨십

01

아이를 안아주는 연습을 하라

인류 역사상 스킨십만큼 좋은 사랑의 치유 방법은 없었다. 아이가 아프면 손으로 만져보고 마사지해 주면 아픔이 사라지는 경우가 종종 있었다. 어렸을 적 배가 아프면 어머니는 배를 정성스럽게 문지르며 "○○이 배는 똥배, 엄마 손은 약손!"이라고 주문을 거셨다. 그러면 배가 씻은 듯이 나았던 기억이 있다. 지금 와서 생각해 보면 엄마의 손 마사지는 최고의 스킨십이었다.

사랑으로 보살피는 스킨십을 받지 못한 아이들은 자신이 쓸모없는 아이라고 생각해서 '소모증'이라는 병에 걸린다. 소모증에 걸리면 성장을 제대로 하지 못하고 사망하는 경우도 생긴다. 하버드 의과대학 교수인 알스 박사는 발달 장애를 겪는 아이들도 안고 꾸준히 스킨십을 해주면 발달이 좋아진다고 말했다. 그만큼 아이에게 진심으로 해주는 스킨십은 무엇보다 효과가 좋다. 필리스 데이비스는 그의 저서 『스킨십의 심리학』에서 '내면의 터치'라는 명상법을 소개하고 있다. 복식 호흡으로 숨을 들이쉬고 내쉬고 햇살이 자기 몸을 구석구석 비추는 상상으로 아픈 곳을 치유하는 명상을 소개하고 있다. 사랑이 담긴 터치는 무엇보다 좋은 명상이다.

심리학자 해리 할로우와 로버트 짐머만(Harry Harlow & Robert Zimmerman) 박사는 원숭이 애착에 관한 연구를 했다. 원숭이들을 낳자마자 엄마와 분리하여 두 대리 어미에게 양육하게 했다. 한 대리 어미는 철사로 되어 있었고 다른 대리 어미는 부드러운 천으로 감싸고 있었다. 새끼 원숭이의 반은 철사 어미가 먹이를 주었고 나머지 반은 부드러운 천으로 된 어미가 먹이를 주었다. 실험 결과는 놀라웠다. 철사 어미가 먹이를 준 원숭이 새끼는 하루 한 시간 정도 식사 시간만 철사 어미에게 가 있었고 나머지 15시간 이상을 부드러운 헝겊 어미에게 가서 안겨 있었다. 하물며 사람은 어떨 것인가? 아무것도 모르는 영아도 음식을 주는 사람보다 영아에게 자주 반응해 주고 안아주고 놀아 주는 사람에게 애착이 형성되었다. 아이들은 부모가 자신을 다정하게 안아주고 보듬어 주기를 무엇보다 많이 원한다.

아이 마음과의 소통은 어떻게 해야 할까? 소통은 하루아침에 이루어지는 것이 아니다. 어린 아기 때부터 아이의 신호에 적극적으로 반응해 주고 꾸준한 스킨십으로 믿음이 쌓일 때 생긴다. 아이는 부모가 반응하는 대로 자란다. 세상에 처음 와서 어떻게 할지 모를 때 부모는 아이가 보고 배울 수 있는 유일한 대상이 된다. 어른이 된 다음 내가 쓰고 있는 말과 행동을 곰곰이 생각해 보라. 아마도 내 부모가 쓰던 말과 행동을 그대로 쓰고 있는 모습을 알아차릴 수 있다. 적절한 시기에 아이와 소통이 이루어지지 않으면 정서적 유대감은 형성하기 어려워진다. 소통은 말로만 이루어지는 것이 아니다. 말보다 표정, 몸짓, 목소리 등의 비언어적인 요소들이 더 많이 작용한다. 특히 아이는 부모의 따뜻한 감정을 먹고 자란다. 부모의 몸짓, 표정, 따뜻한 목소리까지 몸과 마음으로 기억한다. 백 마디 말보다 다정한 손길과 포옹이 더 힘이 세다. 시간이 날 때마다 안아주고 사랑한다고 말해준 아이는 표정부터 다르다. 부모들은 아이와의 소통이 어려울 때 많이 안아주면 된다. 아이는 부모의 따뜻한 품만으로도 마음을 활짝 연다. 스킨십만큼 좋은 소통은 없다.

내가 만난 아이 중에 경철이라는 남자아이가 있었다. 학년 초 벌써 아이들은 경철이가 지난 학년 때 짱이었다고 수군거렸다. 처음 만난 경철이는 깡마른 체구에 두 눈이 반짝반짝 빛났다. 지나가는 아이의 발을 걸어서 넘어져 울게 만들고 급식 시간에는 슬쩍 앞으로 새치기하고도 모르는 척 시치미를 떼기 일쑤였다. 왜 그랬느냐고 물어보면 자기는 안 했다, 모르겠다가 답이었다. 어느 날 다른 아이의 발을 거는 현장을 목격하고 경철이와 상담을 했다. 선생님 바로 눈앞에서 그랬으니 안 그랬다고는 못하고 고개만 푹 숙인 채 자기도 모르겠다고만 했다. 경철이는 마음이 몹시 아픈 아이였다. 그래서 혼내지 않고 왜 그런 행동을 했는지 잘 생각해 보고 지금 생각이 나지 않으면 선생님의 핸드폰으로 이유를 써서 보내라고 했다. 당연히 보내지 않았다.

그런 행동이 계속되어 부모님과의 면담이 필요하여 어머님을 오시라고 했다. 그러고는 충격적인 이야기를 들을 수 있었다. 경철이는 자기 마음에 들지 않으면 엄마를 발로 걷어차고 심지어 욕도 한다는 것이었다. 특히 엄마의 손길을 거부한 지 오래되었다고 했다. 엄마는 산후 우울증으로 경철이가 어렸을 적 제대로 돌볼 수가 없었다고 한다. 경철이는 엄마가 필요한 시기에 엄마의 손길을 제대로 받아 보지 못하고 외롭게 자랐다. 어머님은 이제는 도저히 경철이와 대화를 할 수가 없어서 놀이 치료를 시작했다고 했다. 엄마와 애착이 형성되는 세 살 전후에 방치했으니 아이는 엄마가 자신을 버렸다고 생각했을 것이다.

경철이 어머님이 다녀가신 후 경철이를 혼내기보다 마음을 알아주는

데 신경을 썼다. 어머님께는 경철이와의 대화 방법을 달리하여 공감하도록 알려 드렸다. 또한 시간이 날 때마다 함께 공원에서 놀아 주라고 알려 드렸다. 어머님은 처음에 경철이와 공놀이할 때는 아이가 분노를 담아 공을 마구 던졌다고 했다. 엄마가 공놀이 규칙을 이야기하고 경철이가 지킬 때마다 칭찬해주고 놀이하는 동안 경철이는 조금씩 엄마를 배려하는 행동을 하기 시작했다고 한다.

어느 날 경철이는 이제는 엄마가 소리를 지르지 않아도 자신의 이야기를 들어준다며 신나 했다. 경철이는 1년 내내 몰라보게 달라져 갔다. 엄마도 이제는 살 것 같다며 아이와 대화가 된다고 했다. 그리고는 그동안 왜 아이의 마음을 몰라 주고 소리만 질렀는지 자신을 반성했다며, 이제는 시간 날 때마다 경철이와 손을 잡고 다니고 안아준다고 했다. 어렸을 적 못 해준 사랑을 지금이라도 해주기 위해 어머니는 경철이와 부지런히 스킨십을 실천하고 계셨다.

스킨십은 아이들이 살아가는 데 꼭 필요한 부모와 마음을 이어주는 소통의 기술이다. 화려한 백 마디의 말보다 한 번 안아주는 것이 더 효과적이다. 아이가 어릴 때 우유보다 더 중요한 것이 부모의 스킨십이다. 아이들은 부모를 좋아하는 이유가 부모의 접촉에서 오는 포근함 때문이다. 아이와의 관계를 빨리 개선할 방법은 아이를 조건 없이 안아주는 것이다. 많이 안아준 아이는 정서적으로 안정이 되고 부모를 좋아하게 되어

지적인 호기심도 자라게 된다. 아이와 몸을 이용한 놀이는 더없이 자연스러운 스킨십이다. 특히 아버지와 아이가 함께하는 몸을 이용한 놀이는 아이와 마음을 터놓을 수 있는 좋은 경험이다.

딸아이가 결혼하기 위해 젊은 청년을 데리고 왔을 때 그 청년의 따뜻한 미소가 돋보였다. 결혼 날짜가 잡히고 상견례를 하기 위해 사부인을 만났다. 사부인은 처음 보는 사돈인 나를 가볍게 포옹했다. 내가 자란 우리 집 문화와는 너무 달라 놀랐지만, 사부인은 아들과도 만나면 포옹한다고 했다. 만나면 서로 가볍게 안는 행동이 습관처럼 자리 잡고 있었다. 그런 가정에서 자란 사위는 밝고 다정했다. 미소가 아름다운 이유가 다 있었다. 반면 나는 교장 선생님인 아버지와 엄마가 우리 앞에서 안는 모습을 한 번도 보지 못하고 자랐다. 생각해 보니 나도 사람들 앞에서는 안는다는 행동은 전혀 해서는 안 되는 모습으로 생각하고 있었다. 그래서 그런가? 자녀를 키우면서 아이들이 어느 정도 자란 다음에는 많이 안아주지 않고 길렀던 것으로 기억된다. 스킨십이 최고의 명상인 것을 좀 더 일찍 알았더라면 더 많이 안아주고 사랑을 듬뿍 주고 길렀을 텐데 후회가 된다.

일본에는 '아마이'라는 오래된 풍습이 있다. 부모가 어릴 적 아이를 데리고 자는 풍습이다. 이 풍습은 아이에게 사랑받고 있다는 믿음을 주는 오래된 전통이다. 아이와 함께 자게 되면 아이는 자신을 버릴지도 모른다는 불안감에서 벗어나 안정감이 생긴다. 아이와 사랑으로 안아주고 보듬어 주면서 자라게 되면 아이는 자신이 아낌없이 사랑받고 있다는 믿음과 기대감으로 성장하게 된다. 어린 아기부터 커가는 자녀에게 제일 좋은 사랑은 부모의 자연스러운 스킨십이다.

우리 뇌에서 입술이나 손바닥, 손가락 등 촉각을 담당하는 부분이 다른 감각에 비해 넓다. 또한 피부는 제일 먼저 감촉을 느끼고 전달하는 역할을 한다. 피부에는 500만 개의 신경이 분포되어 있어서, 아기들은 출생 후 충분한 촉각적인 자극을 받았느냐에 따라 지능도 영향을 받는다고 한다. 하지만 피부의 촉각을 알아차리지 못하면 느껴지는 감각들이 그냥 지나가 버린다. 지금 오감을 통해 느껴지는 감각을 집중하여 느껴보라. 지금 몸에서 느껴지는 오감을 느껴보는 것이 명상이다. 특히 아이들을 자극하는 스킨십은 아이의 주의력과 순발력을 발달시켜 지적 능력 또한 향상시킨다. 부모의 따뜻한 스킨십을 받은 아이는 사랑의 호르몬인 옥시토신이 분비되어 행복해진다. 부모가 아이를 안고 있으면 아이뿐만 아니라 부모도 옥시토신이 분비되어 안정감을 느낄 수 있다. 부모의 스킨십은 최고의 사랑 표현이다. 자라나는 내 아이에게 제일 좋은 명상은 아이와의 스킨십이다.

02

신나게 놀아본 아이가 성적도 좋다

나는 유년 시절을 물도 맑고 산도 깊은 강원도 산골에서 살았다. 집 밖으로 나가면 모든 곳이 놀이터였다. 학교에 갔다 오면 내 책가방은 방에 들어가지 못하고 마루에 내동댕이쳐지기 일쑤였다. 공부는 뒷전이고 아이들과 산과 들로 쏘다니며 놀았다. 어른이 된 지금 물어본다면 정말 실컷 놀았다고 말할 수 있다. 놀이는 다양했다. 학교 운동장에서 동글동글 돌을 주워다 하는 공기놀이, 검정 고무줄을 넘기 위해 안간힘을 쓰던 고무줄놀이, 돌을 차고 놀던 사방치기 놀이. 나무토막 끝을 쳐서 멀리 보내는 자치기 등 놀 것들이 지천이었다. 앞산, 뒷산을 앞마당처럼 올라다녔고, 여름이면 개울에서 미역을 감느라 하루를 꼬박 보내기도 했다.

어느 날인가 수학 시간에 받아 올림과 받아 내림이 있는 덧셈과 뺄셈을 하지 못해서 나머지 공부를 하게 되었다. 그때 아버지는 내가 다니던 학교의 교장 선생님이셨다. 교장 딸인 내가 나머지 공부를 하려니 아버지에게 조금 미안한 마음이 들었다. 그런 알아차림이 있고 난 뒤 조금씩 스스로 공부하게 되었다. 내가 원해서 공부하게 되니 성취감도 들고 재미가 있었다.

아이들도 생각이 다 있다. 놀다 보면 공부해야지 하는 마음이 들 때가 있을 것이다. 아이에게 스스로 알아차리고 생각할 놀이시간을 주는 것도 일상 속 명상이라 생각한다. 일찍 자신을 볼 줄 아는 아이가 주도적인 힘도 갖게 된다. 나는 실컷 놀고 학원 한 번 다니지 않았어도 선생님이 되었다.

또한 어린 시절 놀던 그 행복했던 추억들은 일생을 살면서 제일 소중한 보물이 되었다. 자신의 꿈만 잃지 않는다면 아이들은 자신이 필요하다고 생각하는 시점에 공부를 시작할 것이다. 부모는 멀리 보고 자녀를 기다려 주는 여유가 필요하다. 부모가 성급하게 아이를 들볶는다고 아이가 공부를 잘하는 것은 결코 아니다. 행복한 뇌가 공부도 잘한다. 공부를 잘하려면 아이는 행복한 놀이가 필요하다.

아이들은 놀면서 커야 한다. 하지만 요즘의 아이들은 너무 바빠서 놀 시간이 없다. 놀려고 놀이터에 가도 친구들이 모두 학원에 가 있어서 만날 수가 없다. 친구를 사귀기 위해 다시 학원으로 가는 진풍경이 벌어진다. 아이들은 놀이하면서 많은 경험을 한다. 재미있게 놀이에 집중하는 아이를 보면 부모가 밥 먹고 놀라고 불러도 모르고 논다. 혼자 놀 때도 장난감을 가지고 이렇게 놓았다가 저렇게 놓았다가 끊임없이 생각하고 지칠 줄 모르고 논다. 조금 커서 친구와 놀 때면 협동하여 문제도 해결하고 서로 배려하는 마음도 가지게 된다. 놀이에는 부모들이 좋아하는 창의력, 집중력, 협동심, 배려심 등이 모두 들어 있다. 놀면서 자유롭게 배우게 되니 잘 노는 아이들은 인성부터 달라진다. 아이들에게 필요한 모든 것이 들어있는 종합세트 같은 놀이 시간을 부모들은 허락하지 않는다. 아이에게 놀 시간도 주지 않으면서 부모는 내 아이가 집중력 있게 공부를 잘했으면 하고 바란다. 또 다른 아이보다 문제 해결력이 뛰어났으면, 다른 아이보다 의젓했으면 등 바라는 것이 많다. 공부를 잘하기를 바란다면 내 아이가 좋아하는 놀이시간을 조금 더 많이 주어야 하지 않을까?

정호는 공부를 잘하는 아이였다. 말 그대로 공부만 잘하는 아이였다. 한번은 체육 시간에 알, 병아리. 닭 게임을 했다. 알은 손 모양을 알 모양으로 만들고, 병아리는 옆에 두 손으로 날개를 만들어 파닥거리고, 닭은 가슴에 한 손으로는 벼슬 모양을 만들고 한 손은 뒤쪽에 꽁지를 만든다.

알은 알끼리 가위, 바위, 보를 하여 이기면 병아리가 되고 죽으면 쓰러진다. 죽은 사람은 다시 일어나 알 모양의 아이와 다시 가위, 바위, 보를 한다. 닭에서 가위, 바위, 보를 이기면 봉황이 되어 머리 위로 벼슬을 만들고 의자에 앉을 수가 있다. 이런 규칙을 가지고 게임을 시작했다. 게임을 시작하고 조금 지나고 보니까 정호는 알 모양을 하고 구석에 가만히 숨어 있었다. 다가가서 왜 구석에 숨어 있느냐고 물었더니 정호는 가위, 바위, 보를 해서 질까 봐 숨어 있다고 했다. 자신은 지는 것이 싫고 죽는 것도 싫다고 했다. 그냥 게임인데 재미있게 해보자고 했더니 정호는 끝까지 가위, 바위 보를 하지 않고 혼자 아이들 주위를 빙빙 맴돌았다. 그 모습이 너무 짠하고 애처로웠다. 정호는 다른 아이들과 놀아본 경험도 없고 더군다나 가위, 바위 보에서 진다는 것은 패배와 같다고 생각하고 있었다. 정호는 학교가 끝나면 몇 개의 학원을 전전하여야만 집으로 갈 수 있었다. 친구들과 잘 어울리지 못했고 자꾸 다른 아이에게 부정적인 말로 상처를 주었다. 행복한 아이는 다른 아이들을 괴롭히지 않는다. 무엇인가 불만인 아이들이 부정적인 언어를 많이 사용한다. 내 탓은 없고 모두 남의 탓이다. 그렇게라도 합리화하지 않으면 견뎌낼 수가 없다. 부모가 좋아하는 공부가 아이를 마음 놓고 놀지도 못 하는 아이로 만들고 있었다.

부모들은 일단 아이가 신나게 놀면 불안해진다. 다른 아이들은 열심히 공부하는데 우리 아이만 놀아서 뒤떨어질까 봐 잠시도 아이가 맘 편하게 놀 시간을 주지 않는다. 초등학교에 근무하면서 학원에 다닌다고 공부를 잘하는 아이가 된다는 보장은 없다는 것을 많이 느꼈다. 아이들은 봄 현장학습이나 가을 현장학습을 가면 학교에 늦게 도착했으면 좋겠다고 이야기한다. 그날만이라도 학원에 가고 싶지 않은 것이다. 매일 학교에서 공부하고 또 학원에 가서 긴 시간 공부를 하려니 아이들의 뇌는 쉬는 시간이 없이 지칠 대로 지친다. 어떻게 공부를 잘할 수 있겠는가?

어렸을 적 아이들이 노는 모습만 잘 관찰해도 내 아이가 무엇을 잘하는지 부모는 알 수 있다. 아이의 노는 시간을 빼앗고 자꾸 공부만 시키니 아이의 특성을 모르게 되는 것이다. 어렸을 적 놀이시간은 아이의 뇌를 발달시키는 시간이다. 시냅스가 어른의 배로 늘어나는 시기에 있는 아이가 경험하고 생각하는 대로 가지를 치며 뇌를 발달시킨다. 에디슨은 어릴 적부터 호기심이 많고 실험하기를 좋아하는 아이였다. 에디슨은 어린 시절 병아리를 부화시키려 알을 품는 행동 등 기이한 행동을 많이 했다. 빌 게이츠는 어렸을 적 사전을 가지고 놀기 좋아했고, 알베르트 아인슈타인은 다른 아이들과 달리 무엇이든 '왜?'라며 원론적인 생각하기를 좋아했다.

아이들은 타고난 재능이 다 다르다. 어떤 아이는 수학을 잘하고 어떤 아이는 글짓기를 잘한다. 또 어떤 아이는 운동을 잘하고 어떤 아이는 음악을 잘한다. 요즘 부모들은 아이가 만능으로 잘하기를 바란다. 그러다 보니 정작 아이가 잘하는 재능은 묻혀버리게 된다. 아이들은 놀 때도 자신이 좋아하는 놀이를 선호한다. 또 놀이를 통해 다양한 실험도 한다. 장난감을 던져 보기도 하고 부셔 보기도 하고 쌓아보기도 하고 밀어 넘어트려 보기도 한다. 아이들의 놀이를 보면 단순해 보이지만 창의적인 에너지가 필요할 때가 많다. 여럿이 함께 놀 때 서로 타협하고 조절하여 문제를 해결해 나가는 모습을 보면 놀이는 아이들에게 꼭 필요한 과정이다.

나에게 상담받으러 왔던 준수는 어머니께서 아이가 말을 잘하지 않는다며 상담을 신청한 아이였다. 준수와 이야기를 나누어보니 의외로 아이는 자신의 의견을 또박또박 말했다. 말을 안 하는 것이 아니라 말을 해도 소용이 없으니 입을 닫았던 것이다. 준수는 엄마가 시키는 공부가 너무 힘들다고 했다. 힘들다고 이야기하면 엄마는 입 다물고 하라는 이야기만 했다고 한다. 초등학생인 준수는 집에서 하는 학습지가 국어, 수학, 영어, 한자, 논술 등 대여섯 개는 되었다. 준수는 마치 대학 입시를 준비하는 아이 같았다. 자기는 축구를 좋아하여 축구 선수가 되는 것이 꿈이라고 했다. 엄마에게 자신의 이야기를 전할 방법을 생각하고 편지를 쓰기로 했다. 엄마는 아이의 편지를 읽고 아무런 대답도 주지 않았다. 준수는 상담실에 와서 많이 섭섭해하며 울먹였다.

시간을 내서 엄마와 상담하는데 엄마의 마음은 준수를 좋은 대학에 보내야 한다는 마음으로 꽉 차 있었다. 준수는 자신의 의견도 이야기 잘하는 정상적인 아이라고 말씀드렸다. 준수 어머님은 자신은 아이에게 공부시키는 것도 아니라며 다른 집 아이가 다니는 학원이며 학습지를 줄줄 말했다. 준수 어머니의 귀에는 공부 이외의 말은 어떤 말도 들리지 않았다. 참 안타까운 어머니였다. 그 밑에서 자라는 준수는 더 안타까웠다. 정말 가슴이 아팠던 것은 모래놀이 하면서 여행을 가는 상황을 만들었는데 엄마는 바빠서 함께 못 가고 할머니와 같이 가는 상황을 만들었다. 여행 가서도 공부해야 한다며 학습지 가방을 모래에 놓았다. 여행을 가는데 갔다 와서 해도 되지 않느냐고 했더니 밀리면 밀린 것까지 다 해야 해서 더 힘들다고 말했다. 준수는 전혀 놀 마음의 여유가 없는 상태였다. 집안을 그린 그림에서도 식탁에는 밥과 함께 공부할 책을 그렸고 엄마 아빠는 없고 돌봐야 하는 동생이 그려져 있었다. 엄마는 얼마 뒤에 상담을 종결했고 준수는 다시 만날 수 없게 되었다. 지금 생각해도 안타까운 상담이었다.

학교에서 명상할 때 '놀이 명상'을 많이 한다. 놀이를 시작하기 전에 명상으로 마음을 차분하게 정리한다. 아이들과 할 수 있는 놀이 명상으로는 몸을 움직이면서 자기 몸에 집중하고 감각을 느껴보는 '춤 명상', 까만

도화지에 낙서하고 스트레스를 푸는 '낙서 명상', 숟가락에 귤을 올려 나르는 '귤 집중 명상' 등 다양하다. 놀이는 어떤 놀이를 하느냐도 중요하지만 놀이하고 나서 놀이에서 느꼈던 느낌과 흥분했던 마음을 정리하는 명상 시간이 더 중요하다. 그래서 놀고 나면 꼭 명상으로 마음을 정리했다. 아이들은 놀이로 흥분했던 마음을 명상으로 정리하면서 몰라보게 차분해진다. 놀이에 명상이 더해지면 그보다 금상첨화는 없다. 아이들은 놀이 속에서 많은 것을 배우며 자란다. 놀이에서 알게 되는 경험이 공부의 강력한 동기가 될 수 있다. 신나게 놀 줄 아는 아이가 공부도 잘한다.

〈지금 순간을 알아차리는 먹기 명상 TIP〉

'음식이 이렇게 감사할 줄이야!' 먹기 명상 실천 방법

- 식사 시간에 핸드폰을 식탁에 가져오지 않는 것부터 실천한다.
- 오늘 먹는 음식을 한 번도 먹어 본 적이 없는 것처럼 낯선 마음으로 바라본다.
- 천천히 음식을 씹으며 무슨 맛이 느껴지는지 무슨 소리가 나는지 오감으로 느껴본다.
- 지금 먹고 있는 음식에만 집중해 본다.
- 이 음식이 어디서 와서 나에게 왔는지 생각해 본다.
- 지금 음식을 먹고 있음에 감사한 마음을 가져 본다.

03

아이의 마음을 매일 곱게 빗질해 주자

우리 집은 형제가 여덟이었다. 많은 아이가 있는 아침은 북적북적해야 하지만 조용했다. 내가 살던 강원도 산골은 겨울이 길고 추웠다. 겨울 아침이면 아버지는 놋대야에 물을 하나 받아서 방으로 가지고 들어오셨다. 그리고 어린 딸들을 차례로 세수시키고 참빗으로 머리를 곱게 빗겨 주셨다. 따뜻했던 아버지의 손길을 지금도 느낄 수 있다. 아버지는 아침마다 우리들의 머리만 빗긴 것이 아니라 마음도 함께 빗질해 준 것이다. 그것이 최초로 내가 한 명상이 아닌가 생각된다. 아버지의 세심한 손길이 느껴지면서 마음은 차분해지고 기분은 좋았다. 그렇게 아침을 시작하니 아이들이 많아도 아침은 조용했다. 그렇다고 아버지가 마냥 따뜻한 분은 아니셨다. 우리가 해야 할 것과 해야 하지 말 것은 확실하게 밥상머리 교육을 통해 가르치는 분이셨다. 그런 분이기에 아버지의 사랑에 더 믿음이 갔는지 모른다.

자랄 때 우리 집의 교육은 모두 밥상머리에서 이루어졌다. 한번은 아버지께서 밥을 먹으며 말씀하셨다. 어제 퇴근길 집에 들어왔을 때 댓돌에 신발이 여기저기 흩어져 있었다고 하셨다. 집에 들어올 때 신발을 가지런히 벗어서 놓고 들어오라고 말씀하셨다. 하루이틀은 모두 들어오면서 신발을 가지런히 놓았던 것 같다. 며칠이 지난 저녁 아버지는 마당에 들어오시다가 신발이 또 여기 한 짝, 저기 한 짝 놓여 있는 광경을 보셨다. 아버지는 두 번 말씀하지 않으신다. 신발을 모두 마당 밖으로 집어 던지셨다. 그 시절에는 신발도 흔하지 않아서 한 켤레가 고작이었다. 마당 밖은 녹색의 콩잎들이 한창 자라고 있는 밭이어서 어디가 어디인지 분간하기 어려웠다. 그 넓은 콩밭에서 신발을 찾느라고 우리는 혼쭐이 났다. 그렇게 아버지는 분명한 분이셨다.

아이들은 부모가 생각하는 이상으로 잠재력을 가지고 있다. 그 잠재력이 꽃을 피우려면 부모는 자녀를 알아주고 기다려 주어야 한다. 또한 그 잠재력은 아이들 마음이 행복할 때 나온다. 불행한 뇌는 제 기능을 할 수가 없다. 부모는 아이의 마음을 읽어 주고 공감해 주며 아이가 부모의 사랑 안에서 자신감을 가질 수 있도록 도와주어야 한다. 온실 안에서 피는 꽃은 세상 밖으로 나가면 금방 시들어 버린다. 내 아이가 스스로 세상 밖에서 당당하게 살 수 있도록 부모는 아이의 마음을 매일 알아차리고 윤기 나도록 곱게 빗질해 주어야 한다.

딸이 결혼할 때 줄 선물로 인사동에 가서 예쁜 거울과 참빗을 샀다. 거울은 살아가면서 자신을 알아차리고 자신을 비춰보라는 뜻에서 샀고, 빗은 세파에 흔들리기 쉬운 마음을 곱게 빗질해 주라고 샀다. 나도 아이를 키울 때는 아이의 마음을 항상 잘 들여다봐 주는 엄마는 아니었다. 직장생활에 쫓기다 보니 많이 소홀했다. 아이들이 성장하고 상담을 배우면서 너무나 모르고 아이를 키우는 부모였다는 사실에 부끄러웠다. 그런 미안한 마음이 있어서 결혼하는 딸에게 거울과 빗을 선물했다.

〈어쩌다 어른〉 강의로 유명한 김미경 강사는 『엄마의 자존감 공부』에서 아이가 성장한 다음 딸에게 '엄마 고발서'를 받았다고 했다. 고발서에 생각지도 않는 항목들이 적혀 있어서 깜짝 놀랐다고 했다. 그중에 다음과 같은 내용이 있었다.

'내가 아홉 살 때 아침에 머리 빗겨 줄 시간 없다고 내 머리를 엄청 짧

게 자름. 그리고 유행하던 엄정화의 포이즌 머리라고 막 우김.'

아이는 아홉 살 때 시간이 없다며 저지른 엄마의 일을 다 기억하고 있었다. 엄마가 아이의 머리를 빗긴다는 것은 단순하게 머리를 만지는 일이 아니다. 아이의 머리를 빗기는 일은 짧은 시간이지만 말이 필요 없는 아이의 마음을 빗질하는 시간이다. 엄마와 아이가 고요하게 내면을 볼 수 있는 명상의 시간이다. 아이가 기다렸을 머리 빗는 시간을 엄마는 머리만 짧게 자른 것이 아니라 아이의 마음도 싹둑 자른 것이다. 그러고는 그럴듯하게 엄정화의 머리라고 포장해서 말해도 아이는 엄마의 속마음을 다 알고 있었다. 아이가 성장해서 엄마를 이해하며 한 말이 더 멋지다.

"엄마 내가 아홉 살로 돌아가면 스스로 머리를 짧게 자를 거야. 아침마다 엄마가 내 머리 빗겨 주는 10분을 엄마에게 선물하고 싶어. 엄마 덕분에 나한테 제일 잘 어울리는 머리를 찾은 거 같아."

그때 김미경 강사는 엄마의 위치에서 양육하던 마음에서 아이의 눈높이 위치로 양육의 시선을 옮겼다고 했다. 그 깨달음이 있기까지 그녀도 아이들의 마음을 알아보지 못하는 보통 엄마였다. 깨달음은 모든 변화의 시작이다. 부모로서 아이에게 어떻게 하고 있는지를 깨닫는 알아차림이 먼저이다.

경주는 항상 새침하고 말이 없는 여자아이였다. 처음에는 그냥 얌전한 아이인 줄 알았다. 3월 초 어머님이 상담을 오셨다. 어머니는 경주가 사춘기인지 벌써 엄마의 말에 엇나간다고 했다. 너무 속상하다며 경주가 왜 그러는지 모르겠다고 하셨다. 이야기를 들어 보니 경주의 마음이 이해되었다. 경주는 한창 엄마와의 애착이 형성될 두 살부터 시골 할머니 댁에 맡겨져 키워졌다고 한다. 엄마가 연년생으로 남동생을 낳고 직장 생활을 하면서 두 아이를 키울 수가 없었기 때문이다. 경주는 엄마가 필요한 시기에 시골 할머니 댁에 맡겨져 길러져야 했다. 금방 데려와야지 하던 것이 차일피일 미뤄져서 경주가 초등학교에 입학하게 되면서 집으로 오게 되었다. 경주는 집에 돌아와서도 엄마에게 잘 오지도 않고 겉돌며 짜증만 냈다. 아마도 경주는 엄마가 자신을 버렸다고 생각하고 자랐으며 또 버릴지 모른다는 불안감이 있었을 것이다. 경주에게 엄마는 믿을 수 없는 사람이었다. 거기에 엄마는 경주와 남동생이 다툼이 있으면 동생은 어리다고 감싸며 누나인 경주를 자꾸 야단을 쳤다고 했다. 그러니 엄마의 말을 듣지 않고 엇나갈 수밖에 없었다.

어머니께 경주가 왜 그런 반응을 보이는지 설명을 해 드렸다. 어머니는 울먹이면서 그런 줄도 모르고 아이를 야단쳤다고 후회하셨다. 어머니에게 경주와의 관계를 회복시킬 특단의 비법을 알려 드렸다. 아침이면 아무리 바빠도 옷 챙겨주고 머리 예쁘게 묶어서 한 번씩 안아주고 학교에 보내라고 했다. 또한 날을 잡아서 경주와 엄마 단둘이서 놀이공원도 데려가고 맛있는 것도 사주라고 했다. 경주에게 엄마가 나를 사랑한다는 충분한 확신이 들게 하라고 했다. 한 번이 아니라 경주와 떨어져 있던 시간만큼 경주를 위해 진심으로 경주의 마음을 알아주고 안아주라고 했다. 경주는 학년이 끝나갈 무렵 어머니와 사이가 많이 좋아졌다. 엄마에게 이제는 엄마니까 믿고 할 수 있는 투정도 부리고 속마음도 말하는 아이가 되었다고 했다.

부모는 아이에게 긍정적인 마음과 성실함을 심어주어야 한다. 긍정심리학의 창시자인 '마틴 셀리그만(Martin Seligman)'은 그의 저서 『긍정심리학』에서 긍정 정서를 키우는 방법으로 '음미하기'와 '마음 챙김'을 말하고 있다. 소중한 사람과 경험을 나누고 행복한 순간을 사진 찍듯 마음에 새겨두고, 자신을 대견하게 여기고 격려하고 자신이 하는 일에 오로지 집중하고 심취하는 것을 음미하라는 것이다. 또한 순간 무심하게 흘려보내는 값진 경험을 알아차리고 마음 챙김을 하라는 것이다. 마음을 안다는 것은 이렇게 지금, 여기에 집중하여 머무는 것을 의미한다. 아이의 마음을 곱게 빗겨 준다는 것은 지금 아이가 느끼는 감정을 알아차리고 반응해 주는 행동에서 시작해야 한다. 현재에 관심을 기울이면 보이지 않던 작은 행복들이 보이기 시작한다.

딸아이 방에는 파란색 바탕에 동물들이 그려진 커튼이 있었다. 딸이 인터넷에서 마음에 든다며 사서 친 커튼이었다. 딸 방으로 나가면 베란다가 있어서 빨래를 널 때면 수도 없이 드나들었다. 대학원에서 공부하던 어느 날 교수님이 지금, 현재에 있는 것들을 하나씩 챙겨보는 습관이 필요하다고 말씀하셨다. 집에 있는 물건 중에 하나를 낯설게 보고 관찰하여 오라는 과제를 내주셨다. 무엇을 관찰할까 하다가 딸의 방에 있는 커튼을 보게 되었다. 파란 바탕에 그렇게 다양한 동물들이 그려져 있다는데 깜짝 놀랐다. 사자, 기린, 얼룩말, 고슴도치, 표범 코끼리, 타조 등 몇 년을 방을 드나들면서도 한 번도 유심히 보지 않고 지나쳤던 것이다.

생각해 보니 다른 것도 마찬가지였다. 먹을 때도 입은 자동으로 음식을 씹고 생각은 천 리를 돌아다녔다. 걸을 때도 다리가 그냥 알아서 걸어가고 생각은 또 멀리 가 떠도는 경우가 많았다. 지금, 여기의 눈앞에서 벌어지고 있는 것도 집중을 못 하면서 어떻게 돌아다니는 마음을 챙기고 알아차릴 수 있단 말인가? 명상은 지금, 현재에 느끼는 감정을 알아차리고 느끼는 것이다. 그러면 몸에서 자동조정 되던 많은 것을 볼 수 있는 통찰이 찾아올 것이다. 현재에서 느낄 수 있는 행복이 찾아올 것이다.

상처 난 아이의 마음은 치유하지 않으면 언제든 밖으로 표출되게 되어 있다. 아이와는 거창한 것을 하지 않아도 된다. 지금, 현재에서 느끼는 마음을 알아주고 받아 주면 된다. 미리 아이와의 대화 창구를 열어 놓고 열심히 말을 들어주어야 한다. 부모와 소통이 되지 않고 감정이 쌓여 사춘기가 되면 그 폭발의 힘은 감당하기 힘들게 된다. 아이가 마음의 문을 닫기 전에 열어 두어야 한다. 아이의 마음의 문을 여는 열쇠는 부모의 조건 없는 사랑이다. 항상 깨어서 알아차리는 것이 일상이 되어야 한다. 아이의 마음을 매일 곱게 빗질해 주자. 그것이 일상 속 명상이고 답이다.

04

나쁜 아이는 없다, 마음 아픈 아이가 있을 뿐이다

아이들이 모여서 생활하는 학교에는 새 학기면 꼭 친구들과 잘 지내지 못하는 아이들이 눈에 띈다. 하는 행동만 보면 영락없는 나쁜 마음을 가진 아이처럼 보인다. 대표적인 행동이 친구를 때리는 행동이다. 또한 자기보다 약한 친구를 괴롭히고 놀린다. 이런 아이들은 자신이 한 행동을 안 했다고 딱 잡아뗀다. 잡아뗄 수 없을 때는 문제가 무엇이든지 다른 아이의 탓이고 자신은 아무런 잘못이 없다고 말한다. 매일 매일 이렇게 다른 아이들과 갈등을 겪고 있으니 본인도 즐겁지만은 않아 보인다. 또한 자기의 잘못을 인정하는 것을 극도로 싫어한다. 인정하는 순간 야단맞을 것이 뻔하기 때문이다. 부모나 선생님으로부터 많은 꾸지람으로 마음은 이미 상처투성이다. 상처 난 마음을 치유하기 전에는 이런 아이의 행동은 조금도 나아지지 않는다. 괴롭히고 야단맞고 또 괴롭히고 상처받는 악순환이 계속될 뿐이다. 이런 아이들의 마음은 겉으로는 강해 보이지만 매우 여리고 상처받기 쉬운 상태이다. 겉으로 센 척이라도 해서 자신을 보호하고 싶은 것이다. 과연 겉으로 드러난 행동이 거칠다고 이런 아이를 나쁜 아이로 단정 지을 수 있을까?

경호는 내가 초등학교에 첫 발령을 받고 만나 남자아이였다. 얼굴은 까무잡잡하고 흉터도 몇 군데 있었다. 눈은 반짝반짝하고 항상 불안한 마음이 느껴졌다. 학교에 오면 하루도 그냥 지나가는 날이 없었다. 친구를 때리고 놀리고 심지어는 발을 걸어 넘어트리기까지 했다. 아무도 경호 옆에 앉으려고 하지 않았고 놀려고도 하지 않았다. 수업 후에 몇 번을 상담하고 경호의 마음을 알아주고 도와주려고 했지만, 경호의 마음은 열리지 않았다.

그러던 어느 날 아침 첫 교시 수업 준비를 하고 있는데 얼굴이 굳은 경호가 다가왔다. 안절부절못하며 할 말이 있다고 했다. 말까지 더듬는 경호를 보며 무슨 일이 있나 보다 생각하며 연구실로 데리고 갔다. 경호는 내 눈을 똑바로 바라보지 않고 바닥만 내려다보고 있었다. 얼굴은 긴장되어 있었고 손은 계속 꼼지락거렸다. 무슨 일이 있느냐고 묻는 내 말에

닭똥 같은 눈물을 뚝뚝 흘린다. 그러더니 아버지가 야구 방망이를 들고 학교로 자신을 찾아올 거라고 말했다. 무슨 말이냐고 묻자 아버지는 아침부터 술을 먹고 경호를 학교에 가지 말라며 괴롭혔다고 한다. 엄마는 뒷문으로 빠져나가고 자신도 겨우 아버지의 눈을 피해 학교에 왔다고 한다. 아버지는 빠져나가는 경호를 향해 야구 방망이를 들고 죽이러 가겠다고 소리를 질렀다고 했다. 경호는 불안해 떨면서 교문에 아버지가 왔는지 봐 달라고 했다. 교문을 보니 경호 아버지 같은 분은 보이지 않았고 수업이 시작되어 사람은 보이지 않았다. 경호를 토닥이며 얼마나 그동안 힘들었냐고 위로했다. 아버지가 찾아오더라도 선생님이 도와줄 테니까 너무 걱정하지 말라고 했다. 사실 경호의 이야기를 듣고 경호 아버님이 정말 찾아오면 어떻게 대처해야 할지 마음이 복잡했었다. 다행히 아버지는 찾아오지 않았고 하루가 무사히 넘어갔다. 그러나 수업 후에 경호가 집으로 돌아가서 아무 일이 없어야 할 텐데 걱정이 되었다. 경호에게는 혹시 아버지가 때리거나 하면 얼른 나와서 선생님께 전화하라며 집으로 보냈다. 다음날 경호는 다행스럽게 하나도 다치지 않고 학교에 왔다. 그런 일이 있고 난 뒤 경호가 이해되고 가슴이 아팠다.

경호 아버지의 폭력은 경호에게는 목숨을 위협하는 위험이었을 것이다. 살아남아야 하는 환경 속에서 공부는 무슨 공부며, 경호는 불안한 마음을 학교에 와서 아이들을 괴롭히는 행동으로 표현하고 있었다. 경호는 그 일이 있고 난 후 담임인 나와 가까워졌고 아이들과도 잘 지내기 위해 노력했다. 학년이 끝날 쯤에는 선생님을 제일 잘 도와주고 친구들과 잘 지내는 아이로 변해 있었다. 학년 마지막 모범 어린이 상은 모든 반 아이들의 동의하에 경호에게 돌아갔다. 다만 마음이 아픈 것은 경호의 가정 환경이 달라지지 않았다는 것이다. 그 속에서 살아남기 위해 고군분투하는 경호가 안쓰러웠다. 교직 생활 20여 년이 넘었지만 내가 만난 아이 중에 정말 나쁜 아이는 없었다. 경호처럼 마음이 아픈 아이들이 있었을 뿐이다.

학대는 아이의 뇌를 변형시킨다. 감정을 담당하는 변연계는 주로 '해마'와 '편도체'로 구성되어 있다. '해마'는 기억을 만들거나 떠올리는 데 중요한 역할을 한다. 편도체는 외부로부터 들어오는 정보를 좋은 정보인가, 나쁜 정보인가를 본능적 차원에서 판단한다. 편도체가 흥분하면 긴 시간 동안 전기자극을 받는 것과 같은 뇌파의 이상이 발생한다. 몸은 이미 스트레스 호르몬의 영향으로 긴장되고 몸의 기능은 저하된다. 어릴 적 아이가 받는 학대는 아이의 뇌가 정상적으로 자라지 못하게 한다.

학대는 대물림 된다. 학대를 받고 자란 부모의 대다수가 자기의 자녀를 학대한다. 부모가 알아차리고 학대의 고리를 끊지 않으면 아동학대의 피해자가 또 아동 학대자가 되는 대물림의 현상이 계속 일어나게 된다. 사회적으로 아무런 힘이 없는 아이가 의지할 수밖에 없는 부모에게 당하는 학대는 최고의 불행이다. 자신이 감당하기 어려운 상황을 어떻게 해야 할지 몰라 부정적으로 행동하는 아이들을 보면 마음이 너무 아프다. 부모는 항상 깨어 있어서 내 아이가 어떤 아픔이 있는지 알아차려야 한다.

지숙이는 부모가 두 분 다 돌아가시고 고모네 집에서 동생과 함께 사는 여자아이였다. 지숙이는 계절에 따라 옷을 알맞게 입고 오지 못했다. 여름에도 더운 긴팔을 입고 오는 때도 있었고, 겨울이면 찬바람이 부는데 얇은 옷을 입고 오는 때도 있었다. 다른 아이들이 가지고 있는 예쁜 연필이며 샤프를 무척 부러워했다. 어떨 때는 다른 아이의 예쁜 샤프가 지숙이 필통에 들어가 있는 적도 있었다. 한 번은 반 아이가 가져온 만 원이 없어져서 찾게 되었다. 아이들에게 종이쪽지를 한 장씩 나눠주고 다 눈을 감게 한 다음 돈을 가져가 사람은 쪽지에 이름을 쓰라고 했다. 그러면 돈은 선생님이 주인에게 돌려주고 아이들에게는 비밀로 하겠다고 했다. 쪽지를 한번 돌렸는데 아무도 이름을 쓰지 않았다. 그래서 두 번째 종이를 돌리고 다시 간곡하게 이야기했다. 두 번째 받은 종이에서 지숙이가 작은 글씨로 쓴 자신이 돈을 가져갔다는 내용을 확인할 수 있었다. 다른 아이들 몰래 지숙이에게 돈을 돌려받고 솔직하게 이야기해줘서 고맙다고 했다. 하지만 남의 돈을 가져가는 행동은 옳지 못한 행동이라고 지도했다. 지숙이는 가지고 싶은 것도 많은데 고모는 아예 용돈을 10원도 주지 않는다고 했다. 지숙이가 너무 가여웠다.

바람이 스산하게 불던 어느 날, 지숙이는 학교에 오지 않았다. 그다음 날도 학교에 오지 않았다. 고모는 아이가 아프다고 했다. 그런 줄 알았는데 3일째 되는 날 지숙이와 지숙이 동생이 실종되었다고 경찰서에서 연락이 왔다. 무슨 징후 같은 것이 없었느냐고 물었다. 지숙이에게는 전혀 다른 징후는 없었고 차분하게 공부하다 돌아갔다. 며칠을 학교가 발칵 뒤집히고 결국 형사가 찾아왔다. 아이를 찾을 수 없으니 담임인 나를 찾아온 것이다. 애가 타기는 담임인 내가 제일 애가 탔다. 며칠 후 강원도 지방에 사는 지숙이의 삼촌으로부터 아이들이 삼촌네 집으로 찾아왔다는 연락이 온 뒤 사건은 종결되었다. 아이들은 고모 집에서 견디다가 못해 밤에 몰래 주소만 들고 천 리 먼 길 삼촌을 찾아갔던 것이다. 다행으로 삼촌이 아이들을 기르겠다며 전학시켰고 지숙이의 얼굴은 다시 볼 수 없었다.

지숙이는 손끝이 야무졌다. 만들기도 그림에도 재주가 있었으며 공부도 잘했다. 돈이 없어서 살 수 없으니 다른 아이들의 예쁜 학용품이 얼마나 가지고 싶었겠는가? 또한 먹고 싶은 것은 얼마나 많았겠는가? 지숙이는 비록 남의 물건에 손을 댔지만, 그 마음은 이해하고도 남음이 있었다. 지숙이는 남의 물건을 훔치는 나쁜 아이가 아니라 정말 외롭고 마음이 아픈 아이였다.

부모가 기르는 대로 길러질 수밖에 없는 아이들을 보면 부모로서 책임감이 무거워진다. 김미경 강사는 부모도 아이가 자라는 만큼 함께 자라고 성숙해져야 한다고 했다. 어쩌다 보니 부모가 되어 어떻게 아이를 길러야 할지 모르는 것이 모든 부모의 시작이다. 내가 낳았으니 내 소유라고 생각하는 부모들도 많다. 아이가 부모에게서 태어나는 순간 아이는 독립된 존재이다. 미약하고 어리다고 해서 함부로 대하면 안 된다. 말 못 하는 아이들도 다 안다. 사람은 굳이 말로 하지 않아도 자신을 전달하는 많은 언어를 가지고 있다. 표정만 보아도 그 사람이 화가 났는지, 행복한지 알 수 있다. 또한 아이들은 부모가 가르쳐 주지 않아도 발달 단계에 따라 알아서 발달한다. 정말 놀라운 기적 아닌가? 부모는 아이가 혼자 스스로 살아갈 수 있도록 울타리 역할만 해주면 된다. 아이가 어떤 삶을 살 것인지는 아이가 스스로 결정할 권리가 있다. 부모는 진실한 마음으로 관심과 격려만 해주면 된다.

내가 낳은 아이에게 더 많은 걸 주고 싶고 다른 아이보다 더 잘 살게 해주고 싶은 것이 부모의 마음이다. 하지만 그 마음이 지나치면 아이에게는 독이 된다. 학대가 될 수도 있다. 학대 중 정서적 학대는 치명적이다. 폭언, 방치, 무관심 등을 학대라고 생각하지 않고 부모인 나는 아이를 학대하고 있지는 않았는지 생각해 보아야 한다. 나쁜 아이는 없다. 부모로 인해 마음에 상처 난 아픈 아이가 있을 뿐이다.

05

아이에게 부모의 감정 화살을 쏘지 마라

아이들은 자신의 감정을 잘 모른다. 감정을 말하라고 하면 자꾸 자기의 생각을 말한다. 아이들과 감정을 알아보고 감정에 이름을 붙여 보는 활동을 한 적이 있다. 아이들은 너무나 다양한 감정들이 있다는 사실에 놀라워했다. 미국의 심리학자인 존 가트맨(John Gottman) 박사는 감정에 이름을 붙여 주는 것은 '감정이라는 문에 손잡이를 만들어 주는 것과 같다.'라고 비유하여 말했다. 감정이 명확하지 않으면 우뇌가 보내는 신호를 좌뇌는 알아차릴 수가 없다. 감정의 라벨링은 우뇌가 알아차린 감정을 언어를 담당하는 좌뇌와 연결하는 일이다. 손잡이가 없는 문은 결코 열고, 닫을 수가 없다. 아이들은 자기 마음에서 일어나는 혼란한 감정을 잘 알지 못하고 제때 처리하지 못해 불안을 경험하기도 한다. 이때 부모가 아이의 감정을 찾고 표현할 수 있도록 돕는 것은 매우 중요하다. 부모 또한 일상생활에서 자신의 감정을 잘 알고 적절하게 표현하는 모습을 아이에게 보여 주어야 한다. 그렇게 하려면 부모도 자신의 감정이 어디서 왔는지, 어떻게 표현해야 하는지 연습해야 한다. 종로에서 뺨 맞고 한강에서 화풀이하는 격으로 힘없는 아이에게 자신의 감정을 쏟아붓는 행동을 부모인 나는 하고 있지는 않은지 돌아보아야 한다.

부부가 갈등 관계에 있으면 제일 괴로운 것은 아이들이다. 아이들 앞에서 부부가 싸우게 되면 아이들이 받는 고통은 어른이 생각하는 것 이상으로 크다. 어렸을 적 부부싸움 속에서 길러진 아이는 자신의 감정을 조절하지 못하고 불안한 아이가 될 수밖에 없다. 부부도 사람인데 어떻게 싸우지 않고 살겠는가? 부부싸움보다 그다음에 어떻게 해결하는지 그것이 더 중요하다. 무엇보다 중요한 것은 엄마, 아빠의 싸움은 아이 때문이 아니라는 것을 알려 주어야 한다. 제대로 알지 못하는 아이는 싸움이 자신 때문이라고 생각하여 죄책감을 느끼게 된다. 또한 싸웠으면 싸움을 화해하는 과정도 아이가 알 수 있도록 설명이 필요하다. 아이들은 부모의 부부싸움과 해결 모습을 그대로 보고 배운다. 부모는 항상 아이가 부모인 나를 보고 있다는 사실을 잊지 말고 행동해야 한다.

우리는 어떤 상황에 부딪히면 감정이 일어난다. 차가 막히면 화가 나고, 나를 무시하면 속상하고, 사랑하는 사람과 헤어지면 슬프다. 이렇게 어떤 자극에 자연스럽게 일어나는 감정이 일차적 감정이다. 감정은 그 문제가 해결되면 자연스럽게 사라진다. 다만 일차적으로 일어나는 감정을 제때 표현하지 못하고 속으로 쌓으면 부정적인 감정으로 자리 잡게 된다.

부부싸움으로 심기가 불편해진 부모가 평소처럼 휴대전화를 하고 있던 아이에게 기다렸다는 듯이 야단을 치는 경우가 있다. 겉으로는 아이가 휴대전화를 오래 해서 화가 났다고 하지만 진짜 부모의 감정은 부부싸움에 있는 것이다. 일차적 감정은 쌓아 두지 말고 그때그때 표현하는 것이 중요하다.

그럼 일차적 감정은 어떻게 알 수 있을까? 일차적 감정은 제때 해결하지 않고 참고 있으면 비슷한 상황이 오면 지나치게 흥분한다. 또한 별것 아닌 상황에서 반복해서 화가 나고 기억이 오래간다. 또한 일차 정서를 받아들이지 않고 숨기려 하거나 억압할 때 다른 모습의 얼굴로 찾아오기도 한다. 분노의 마음이 두려움이나 수치심으로 나타나기도 하고 우울증으로 나타나기도 한다. 감정은 그때그때 표현하는 것이 제일 좋은 방법이다. 또한 숨겨진 부정적 감정도 원래의 감정을 찾아 해결하는 것이 제일 좋은 해소 방법이다.

사람마다 감정을 해소하는 방법은 다르다. 쌓아 두지 않고 바로바로 감정을 해소하는 방법으로 어떤 사람은 쇼핑하고, 어떤 사람은 먹고, 어떤 사람은 명상한다. 명상의 대표적 해소 방법은 이미지를 활용한 '쉼터 명상'으로 부정적 마음을 긍정적 마음으로 희석할 수 있다. 릭 핸슨 · 리처드 멘디우스(Rick Hanson & Richard Mendius)는 그의 저서『붓다 브레인』에서 마음의 쉼터에 관해 다음과 같이 말하고 있다.

"쉼터를 가짐으로써 과도한 반응 상황이나 염려에서 벗어나고 긍정적인 영향으로 내면을 채울 수 있다. 쉼터에서 휴식을 취할 때가 늘어날 때마다 뉴런은 조용히 안전하다는 신경망을 형성한다. 깨달음의 길에서 큰 변동이나 영혼의 어두운 밤, 옛 믿음이 붕괴하면서 생기는 불안감 등은 자연스러운 현상이다. 이때 쉼터는 우리를 붙잡아 주고 폭풍 속에서 벗어나게 해 준다."

지치고 힘들 때 자신만이 쉴 수 있는 장소를 마음에 한 곳씩 만들라고 권하고 싶다. 카페여도 좋고, 숲속이어도 좋고, 자가용 안이어도 좋고, 바닷가여도 좋다.

시간이 날 때마다 상상으로 그곳에서 쉬면서 자신을 돌보는 시간을 가졌으면 좋겠다. 자신의 감정을 알아차리고 잘 표현하는 부모는 다른 모양으로 포장한 자신의 감정을 아이에게 해소하지 않는다. 쉼터 명상은 쉽고 간단하다.

〈쉼터 명상〉

1단계 : 코로 숨을 들이마시고 천천히 내쉬면서 충분히 이완한다.

2단계 : 자신이 쉬고 싶은 특정 장소를 상상하여 그곳에서 편안하게 쉰다. 오감을 활용하여 불편했던 감정으로부터 충분히 이완되도록 머문다.

3단계 : 혼자 있어도 좋고 초대하고 싶은 사람을 초대하여 편안한 시간을 함께 보내도 좋다.

4단계 : 충분히 안정되었으면 호흡에 집중하며 현실로 돌아온다.

아이들과 명상하면서 언제든지 자신들이 쉴 수 있는 '명상의 방'을 한 곳씩 그려보라고 했다. 아이들의 상상력은 대단하다. 하늘 구름 위에 자신의 방을 만들어 웃고 있는 자기를 그린 아이도 있고, 꽃밭에다 자신의 '명상의 방'을 그린 아이들도 있다. 자신의 방에 누운 모습을 그리기도 하고 풀밭에 누운 자신을 그리기도 한다. 표정을 보면 모두 편안하게 웃고 있다.

나에게 상담을 왔던 솔이는 엄마만 바라보는 아이였다. 학교에서 친구들과 잘 어울리지 못하고 자꾸 싸우며 소통이 안 되어 상담실을 찾았다. 처음 만났을 때 솔이는 말을 잘하지 않았다. 물어보아도 대답을 잘하지 못하고 자신의 감정을 전혀 모르는 아이 같았다. 기분이 어떠냐고 물어보아도 "잘 모르겠어요." 친구가 어떨 때 화가 나느냐고 물어보아도 대답은 "모르겠어요."였다. 그 이유를 엄마와 상담하면서 알았다. 솔이는 어려서부터 엄마의 껌딱지였다고 한다. 솔이 어머니는 남편이 실직하고 경제적으로 매우 힘든 상황에 있었다. 솔이가 아기였을 때부터 솔이 어머니는 감정이 좋을 때는 솔이를 예뻐하고, 남편과 부부싸움이라도 하는 날이면 솔이에게 울고불고 불편한 감정을 다 보였다고 한다. 어린 솔이는 엄마의 혼란한 감정을 그대로 보고 자랐다. 솔이도 엄마의 불안한 감정을 그대로 받아서 그 감정을 어떻게 처리해야 할지 모르고 자라고 있었다.

초등학교에 입학할 때부터 아이들과 싸우고 소통이 되지 않는 행동이 나타나게 되었다. 솔이는 학교에 가면 선생님 말씀도 듣지 않고 수업 중에 소리를 내는 등 부적응 행동을 반복했다. 그러다 보니 엄마는 전전긍긍하여 솔이의 공부며 준비물까지 모든 것을 다 해주고 있었다. 점점 솔이는 엄마가 아니면 아무것도 할 수 없는 아이가 되어가고 있었다. 엄마는 자신이 그렇게 정성을 쏟고 있는데 솔이의 행동이 달라지지 않자 화난 감정을 솔이에게 폭발시키는 일이 잦았다고 했다. 상담을 진행하면서 솔이 어머니의 감정이 어디서 왔는지 알아보고 어머니의 감정을 해소하는 작업부터 시작했다. 솔이에게는 솔이가 할 수 있는 간단한 일부터 스스로 할 수 있도록 도와주고 자신의 감정을 친구들에게 전달하는 연습부터 시작했다. 또한 솔이 어머니는 솔직하게 솔이로 인해 힘든 점을 대화로 소통하도록 했다. 솔이도, 어머니도 처음에는 힘들어했지만 상담받는 내내 조금씩 변화되면서 어머니와 솔이의 사이에 분명한 경계가 만들어지기 시작했다. 어머니는 솔이의 일을 대신하던 것에서 벗어나 많이 편안해졌다. 솔이는 학교에서 무엇보다 친구들과 잘 어울려 노는 아이가 되었다.

부모도 세상을 살아가다 보면 감당 안 되는 어려운 일을 만나기도 한다. 그럴 때 자신이 느끼는 감정에 하나 더 부정적인 감정을 얹어서 자신에게 화살을 쏘지 말아야 한다. '그럴 수도 있지. 다음부터 더 조심해야겠다.' 긍정적으로 생각한다면 감정은 거기서 끝날 것이다. 하지만 '내가 왜 그런 실수를 했지? 나는 바보인가 봐.' 하면서 자신에게 이차 화살을 쏘고 머리를 감싸 안는다면 상황은 더 부정적으로 될 수밖에 없다. 부모도 완벽하지 않고 힘들다는 것을 아이에게 솔직하게 이야기하면 어떨까? 실수할 때는 실수를 인정하는 모습을 보여줌으로써 '실수할 때는 저렇게 해결하는구나!' 하는 모습을 아이가 배우게 해야 한다. 미국의 심리학자인 존 가트맨(John Gottman) 박사는 부모가 실수를 인정하는 모습은 아이에게 강력하고 긍정적인 교훈을 준다고 했다. 또한 부모가 갈등을 겪다 해결하는 과정을 보며 실제 갈등을 해결하는 방법을 배운다고 했다. 부모도 사람이다. 이 세상에 완벽한 부모는 없다. 일상생활에서 자신을 알아차리는 것이 명상이다. 언제나 자신을 알아차리는 습관으로 자신의 감정을 아이에게 쏘는 어리석은 행동은 하지 말아야 한다.

06

내 아이 100점이 아니어도 행복할 수 있다

부모들은 100점을 너무 좋아한다. 100점을 맞으면 아이에게 칭찬과 사랑을 듬뿍 주고 100점을 맞지 못하면 아이를 질책한다. 아이보다 점수가 중요한 부모들이 너무 많다. 어떤 점수를 받든지 아이의 있는 그대로가 중요하지 않을까? 100점을 맞으면 아이의 가치가 100이 되고 20점을 맞으면 아이의 가치가 20이 되는 것은 결코 아니다. 사랑에 조건이 붙으면 아이는 불안해진다. 어떻게 시험을 볼 때마다 100점을 맞아서 부모를 기쁘게 해 드릴 수 있는가? 부모의 비위를 맞추어야 하는 아이는 피곤하다. 부모의 사랑을 잃을까 봐 전전긍긍하게 된다. 항상 점수에 예민해져 있으며 마음의 여유가 없다. 실패할까 봐 아예 도전은 하지 않는 수동적 인 아이가 된다.

예전에 학생을 통해 시험지를 가정으로 보내면서 부모님께 보여드리고 사인을 받아 오라고 한 적이 있었다. 다음 날 한 아이가 시험지를 가지고 와서 선생님이 자신의 시험지를 잘못 채점했다고 말했다. 자세히 보니 그 아이는 답을 살짝 고쳐서 가지고 왔다. 얼마나 100점이 맞고 싶었으면 자신을 속이고 선생님을 속이는 행동을 할까? 마음이 아주 무거웠다. 아이들이 다 하교하고 아이를 연구실로 살짝 불렀다. 나는 아이들과 이야기할 때 눈을 마주치고 대화한다. 아이는 내 눈을 쳐다보지 못하고 눈동자는 불안하게 흔들렸다. '선생님은 너를 다 이해한다. 선생님께 할 말이 없느냐'고 물었다. 아이는 땅만 쳐다보고 있더니 눈물을 뚝뚝 흘렸다. 아무 말도 안 하고 아이를 꼭 안아주었다. 아이는 엄마가 100점을 맞지 못하면 자신을 혼내고 야단을 쳐서 100점을 맞으려고 고쳤다고 했다. 솔직하게 말해줘서 고맙다고 했다. 하지만 자신과 남을 속이는 일은 옳지 않은 행동이니 하지 않았으면 좋겠다고 이야기했다.

며칠 뒤 어머니를 학교로 오시라고 했다. 어머니께 아이의 행동을 설명하고 아이가 생각하고 있는 어머니의 점수에 대한 스트레스도 알려 드렸다. 공부를 잘하고 있는 아이를 칭찬은 하지 못할망정 상처를 주고 자존감을 떨어트리고 있다는 사실을 알고 있느냐고 물었다. 어머니는 자신이 아이에게 한 행동이 그렇게 상처를 주는지 몰랐다며 앞으로 아이의 마음을 살피겠다고 약속하셨다. 아이는 밝은 모습으로 1년을 잘 보내고 진급했다. 부모도 아이 마음에 관해 공부해야 한다. 아이의 마음도 모르면서 아이만 잘하라고 다그치는 것은 하지 말아야 할 행동이다. 완벽한 부모는 없다. 부모도 아이를 기르면서 함께 성장하는 관계다.

'플린 효과(Flynn effect)'를 들어 본 적이 있는가? 사람들의 IQ가 해마다 3점 정도 높아지고 있는 현상을 말한다. 왜? 사람들의 IQ는 점점 높아지는 것일까? 많은 연구자가 시각적 매체가 많아짐을 원인으로 뽑았다. 그럼, 지능지수가 높아져서 사람의 문제해결 능력도 올라갔을까? 영국의 응용심리학자 세이어 교수가 연구한 결과를 보면 예전 아이들보다 최근 아이들이 덜 똑똑하다는 결과가 나타났다. 예전에 비해 이것저것 다양한 지식을 배우고 있는 아이들이 덜 똑똑한 이유는 무엇일까? 그 원인 중에서 요즘 아이들이 좋아하는 인터넷 게임이 무엇보다 큰 문제가 된다. 너무나 빠른 반응을 요구하는 게임에 빠지다 보면 조용하게 생각할 시간을 갖기 어렵게 된다. 잠시라도 가만히 있는 것을 못 견뎌 한다. 혼자 생각하고 해결해야 하는 문제를 해결하지 못한다. 지식이 머리에 많이 들었다고 해서 좋은 것도 아니다. 지식을 활용할 줄 아는 실천력이 필요하다. 요즘 아이들은 아는 것은 많으나 아는 것을 어디에 어떻게 써야 할지를 모른다. 나무는 보되 숲을 보는 능력이 떨어진다는 것이다.

학교에서 아이들과 아침에 3분 명상으로 하루를 시작한다. 눈을 감고 명상 음악을 듣는 아이들을 보면 정말 얼굴이 편안해 보인다. 하지만 몇몇 아이들은 음악을 듣는 3분을 견디지 못해 힘들어한다. 얼굴은 찌푸려져 있고 눈을 감고 있지만, 눈동자는 불안하게 왔다 갔다 한다. 명상음악은 자연을 닮아서 새소리, 물소리 등 아름다운 선율로 되어 있어서 그냥 들어도 마음이 편안해진다. 3분을 조용히 있지 못하는 아이들을 보면 공통점이 있다. 몇 년을 아이들과 함께 명상하다 보니 음악을 견디지 못하는 아이들은 대부분이 성적이 매우 높은 아이들이라는 것을 발견했다. 아이들의 머릿속에는 오직 성적만 들어있는 것 같았다. 심지어는 이런 음악을 왜 듣느냐며 수업하자고 하는 아이도 있었다. 잠시도 진중하게 집중할 줄 모르는 안타까운 아이들이었다.

지수는 어머니가 다른 나라 사람인 다문화가정의 여자아이였다. 얼굴이 동글동글 예쁜 지수는 언제나 행복하게 웃고 있었다. 어머니가 다른 나라 사람이다 보니 지수의 학습 능력은 다른 아이들보다 떨어졌다. 특히 수학은 구구단을 다 못 외울 정도로 뒤떨어졌다. 하지만 지수는 시험을 50점을 맞아도 언제나 웃었다. 점수를 못 받아도 당당하고 자신의 의견을 잘 말했다. 그 이유를 어머니가 상담을 왔을 때 알게 되었다. 어머니는 아이를 무척 사랑하고 있었다. 아이의 말에 귀 기울여 주고 아이의 감정에 공감해 주는 어머니였다. 점수를 좀 못 받으면 어떠냐며 자신은 점수와 상관없이 아이가 너무 소중하다고 하셨다. 공부는 아이가 하고 싶을 때 하면 된다며 웃으셨다. 지수가 항상 웃으면서 행복한 이유를 어머니를 통해서 알 수 있었다.

'행복은 성적순이 아니다.'라는 말이 있다. 부모도 학교에 다니며 공부하고 자랐으니까 행복한 것은 성적과 별로 상관이 없다는 것을 잘 알고 있을 것이다. 물질에서 오는 행복은 그리 오래가지 못한다. 사람은 개인의 행복 기준점이 설정되어 있어서 무척 기쁜 일이 있어도 시간이 지나면 다시 자기가 설정해 놓은 행복의 기준으로 돌아온다고 한다. 좋은 옷을 사게 되면 그 행복은 그리 오래가지 못하고 또 다른 것을 원하게 된다. 성적도 마찬가지이다. 지금 만족한 성적이 나오면 다음번에는 더 잘해야 한다는 부담감을 가지게 된다.

그럼 진정한 행복은 어디에서 오는 걸까? 긍정심리학의 창시자 마틴 셀리그만(Martin Seligman)의 연구에 의하면 행복을 좌우하는 요소 중에 유전적 요인은 50%이고 물질적 재산, 교육, 사는 환경 등이 미치는 영향은 10%밖에 되지 않는다고 한다. 나머지 40%는 자신이 선택하고 살아가는 의도적 행동에서 온다고 한다. 행복은 정해져 있는 것이 아니라 각자의 노력에 따라 달라진다는 것이다. 연구대로라면 행복에 10%밖에 영향을 주지 않는 공부를 위해 부모는 40%나 되는 아이들의 자율적인 선택을 빼앗고 있다. 부모가 원하는 공부만 하는 아이의 뇌는 공부와 관련된 부분의 발달에 한정되어 간다. 정작 살아가는 데 필요한 실천적 행동을 담당하는 뇌는 발달이 미흡하여 살아가는 데 고난을 겪게 될 수도 있다.

아이가 부모로부터 인정받고 사랑받는다는 느낌을 받을 때 뇌도 긍정적인 자극을 받는다. 즉 부모로부터 좋은 자극을 받을 때 아이의 뇌는 발달한다. 행복한 뇌를 가진 아이가 공부도 잘한다. 부모는 아이의 정서를 잘 알고 알맞은 반응을 해주어야 한다. 긍정적 정서와 관련된 학습은 기억이 오래간다. 부모의 따뜻한 격려의 말 한마디는 아이의 뇌를 행복하게 한다. 아이가 공부를 잘하기를 원한다면 아이의 감정에 공감하는 부모가 되어라.

부모 중에는 아이의 점수가 낮다고 아이를 때리는 안타까운 부모도 있다. 사랑한다는 자녀를 고작 점수 때문에 때린다는 것은 부모로서 자격이 없다. 요즘은 학교에서 아이들의 시험지를 일 년에 한두 번 집으로 보낸다. 예전처럼 점수를 기록하는 시험지는 아니지만, 논술 평가한 시험지를 가정으로 보낸다. 시험지를 나눠 줄 때면 아이들은 긴장한다. 부모가 어떻게 자신에게 반응할 것인지 이미 알고 있기 때문이다. '아이는 꽃으로도 때리지 말라'는 말이 있다. 보기도 아까운 내 아이, 점수에 연연해

하지 말고 아이의 그대로의 모습에 가치를 두면 좋겠다.

기태는 노는 것을 좋아하고 잘 웃는 명랑한 개구쟁이 남자아이이다. 어느 날 시험지를 가정으로 보내게 되었다. 부모님의 사인을 받아서 다시 가져오라고 했다. 다음 날 기태는 이마에 큰 혹이 하나 생겨서 학교에 왔다. 교실에서 모자를 벗지 않고 고개를 숙이고 있어서 처음에는 몰랐다. 이상해서 가까이 가서 보고는 깜짝 놀랐다. 기태는 시험점수가 낮다는 이유로 아버지께 골프공으로 이마를 맞았다고 했다. 딱딱한 골프공으로 맞았으니 기태의 여린 이마는 골프공만 한 혹으로 멍이 들어 있었다. 기가 죽어서 울먹울먹하는 기태에게 아무 말도 할 수가 없어서 그냥 꼭 안아주었다. 얼마나 미안하고 마음이 아픈지 나도 눈물이 나왔다. 어린아이에게 시험지가 무슨 큰 의미가 있다고 아이를 때렸는지 기태 아버님이 무척 원망스러웠다. 기태에게 시험지는 어른이 되어서도 지워지지 않는 아픈 상처로 기억될 것이다.

'부모, 당신은 몇 점짜리 부모입니까? 그렇게 좋아하는 100점짜리 부모입니까?' 이렇게 묻는다면 아마도 선뜻 100점이라고 대답하는 부모는 없을 것이다. 부모가 완벽하게 100점이 될 수 없듯이 내 아이도 완벽한 100점은 될 수 없다. 사람의 가치를 어찌 점수로 가늠할 수 있을 것인가? 자녀는 이 넓은 우주에서 내 아이로 태어나 준 고마운 존재이다. 무엇으로도 대체 불가능한 존재이다. 부모는 있는 그대로 내 아이를 조건 없이 사랑해야 한다. 부모가 아이의 가치를 제대로 본다면 내 아이는 100점 아니어도 행복해질 수 있다.

〈저절로 행복해지는 부모 표 행복 명상 TIP〉

'우리는 행복한 가족이야!' 가족 행복 명상 실천 방법

- 숨을 들이쉬고 내쉬며 긴장을 이완한다.
- 아이와 행복했던 이야기를 실감 나게 나누고 오감으로 느껴본다.
- 가족이 함께 행복해지는 일들을 자주 체험한다.

(함께 영화 보기, 함께 장보기, 함께 청소하기, 함께 음식 먹기, 함께 여행 가기 등 소소한 일상을 함께한다.)

- 아이와 행복한 추억을 꺼내 보는 대화를 자주 나눈다.

07

부모의 대리만족은 아이의 인생을 망친다

어릴 적 내가 자라던 시절에 대학은 아무나 가는 학교가 아니었다. 집안이 정말 넉넉한 자식들만 가는 곳이었다. 시대가 바뀌고 너나없이 모두 대학을 가는 시대가 왔다.

그러다 보니 대학을 나와도 취직이 안 되어서 또 대학원에 가는 사람을 심심치 않게 만난다. 그런 사회 분위기가 초등학교의 분위기도 바꾸어 놓았다. 초등학교 저학년부터 부모는 아이가 좋은 대학을 진학하는데 관심을 가지기 시작하여 성적만이 우리 아이를 살리는 길인 양 아이를 쉬지 않고 학원으로 내몰게 되었다. 그런 관점에서 보자면 아이들의 학습 능력이 예전보다 월등하게 나아져야 하는데 초등학교에서 20여 년을 근무하면서 본 바로는 그렇지 않다. 하기 싫은 공부를 학교에서 하는 것만 해도 지겨운데 끝나자마자 또 학원의 책상에 앉아 있어야 하니 공부가 머리에 들어올 리가 없다.

예전에 비해 아이들은 많이 스트레스에 민감해졌으며 여유는 찾아보기 어려워졌다. 친구를 배려하는 모습은 보이지 않고 작은 말에도 발끈 화를 내는 경우가 잦아졌다. 부모는 아이의 학습을 감독하고 감시하는 무서운 사람으로 자리가 바뀌었다. 따라서 아이들은 답답한 마음을 어디에다 쉽게 말할 사람이 없어졌다. 부모는 내 아이가 하루라도 학원에 가지 않으면 마치 저만치 뒤처지는 것처럼 예민하게 받아들인다. 아이가 학원에 안 간다고 하는 말은 언제부터인가 아이와 엄마 사이에는 금기어가 되었다.

그럼 부모는 왜 그렇게 목숨 걸고 아이를 학원에 보내려고 하는 걸까? 당연히 아이가 잘되라고 보낸다고 말할 것이다. 부모는 아이가 공부를 잘하는 것이 제일 보람이라고 생각한다. 내가 아이들을 잘 기르기 위해 이렇게 열심히 일하는데 당연히 아이들은 공부를 잘해야 한다고 생각한다. 아이가 100점이라도 맞아 오면 온 세상을 다 가진 사람처럼 호들갑을 떤다. 부모가 그렇게 좋아하는데 100점을 맞지 못한 아이는 스스로 자신감을 잃는다.

아이는 살아가면서 앞으로도 많은 시험을 볼 것이다. 부모는 시험 한 번 잘못 보았다고 인생을 망치는 것처럼 아이를 책망한다. 아이가 어떻게 행복해질 수 있겠는가?

아기는 태어나서 제 시기가 되면 뒤집고 기고 걷는다. 누가 가르쳐 주지 않아도 살아가기 위해 열심히 고군분투한다. 유명한 인간 중심 상담가인 칼 로저스(Carl Ransom Rogers)는 인간은 '자기실현 경향성'을 가지고 태어나므로 간섭하지 않고 놔두어도 긍정적인 면으로 성장한다고 말했다.

또한 부모의 지나친 관심과 간섭은 부모의 조건적인 사랑에 맞추려고 애쓰는 아이의 거짓 자기를 발달시킨다고 했다. 자신은 없고 부모의 요구에 따라 꼭두각시처럼 살아가는 아이만 있을 뿐이다. 스스로 아무것도 혼자 할 수 없는 아이가 무슨 삶이 행복하겠는가? 아이는 부모가 빚는 대로 빚어지는 반죽과 같다. 부모는 아이의 삶이 불행하지 않도록 항상 깨어 알아차려야 한다.

어느 날 아침에 교실에서 3분 명상음악을 듣는데 한 남학생이 무엇인가 중얼중얼 외우고 있었다. 너무 신기해서 며칠을 지켜보았다. 역시 매일 3분 명상 시간이 되면 무엇인가 중얼거리고 있었다. 너무 궁금해서 그 아이를 살짝 따로 불렀다.

"선생님이 너무 궁금해서 그러는데 명상할 때 무엇을 중얼거리는지 말해 줄 수 있을까?" 선생님이 절대 야단치는 거 아니라는 말과 함께. 처음에는 머뭇머뭇하더니 엄마가 명상하는 동안 주기도문을 외우라고 했다고 말했다. 엄마는 기독교인이었고 명상은 불교라는 관념을 가지고 있었다. 나는 그 학생에게 "그래, 그것도 명상이니까 너는 명상할 때 마음 편하게 주기도문을 외워도 된다."라고 말했다.

그런 일이 있고 나서 얼마 지나지 않아 학부모 공개수업이 있었다. 공개수업 날 명상을 활용하여 시 짓는 수업을 했다. 많은 학부모가 이런 수업은 처음이었고 감동적이었다고 입을 모아 말했다. 자기의 자녀가 이렇게 시를 잘 쓸 줄 몰랐다고 감탄했다. 상상하는 수업에 명상이 이렇게 좋은 수업 자료인지 몰랐다며 칭찬을 아끼지 않았다. 주기도문을 외우라고 했던 어머니는 명상을 이렇게 훌륭하게 수업에 적용하는 줄 몰라서 아이에게 주기도문을 외우라고 했다고 말씀하셨다. 그다음부터 그 친구는 주기도문을 외우지 않고 누구보다 명상을 즐기는 모습을 보였다.

다수의 부모가 아이의 행복을 원한다. 그러면서 제일 먼저 내세우는 것이 공부다. 우리나라의 많은 부모의 마음에는 공부는 바로 행복이라는 이상한 공식이 자리 잡고 있다. 아이들은 부모가 하라는 대로 하면서 살아간다. 강력한 부모의 힘에 반항하면 여러 가지로 불이익을 받는다는 것을 아이는 본능적으로 안다.

그러기에 아이들은 부모의 요구에 어쩔 수 없이 끌려가게 된다. 부모가 원하는 공부를 실컷 시킨 아이는 성적은 높아질지 모르지만, 자존감이라는 성적은 바닥이라는 사실을 부모는 모른다. 많은 부모가 알아차리지 못하는 것 중의 하나는 부모는 부모의 욕심에다가 아이의 성공 수준을 맞춘다는 것이다. 아이가 무엇을 잘하고 무엇을 원하는지 알고 싶지도 않고 알려고도 안 한다.

아이를 키울 때는 나도 그랬다. 결혼하여 아들 녀석을 낳았을 때 천재를 낳은 줄 알았다. 또래에 비교하여 한글을 빨리 깨쳐서 학교 가기 전 책을 줄줄 읽었다. 다른 사람들이 영특하다고 입을 모아 이야기했다.

아이가 어린이집에 다닐 때 고래를 그린 일이 있었다. 큰 고래 배 속에 작은 물고기들이 들어 있는 그림을 그렸었다. 어린이집 선생님들이 아이가 고기를 잡아먹는 고래를 생각하고 그렸다는데 깜짝 놀랐다며 칭찬을 아끼지 않았다. 그런 아들을 낳은 엄마로서 우쭐하지 않을 수 없었다.

아들이 초등학교 1학년에 들어갔을 때 받아쓰기 시험이 있었다. 전날은 아이를 앉혀놓고 받아쓰기를 완벽하게 쓸 때까지 연습시키고 또 시켰다. 받아쓰기가 무어라고 얼마나 무지몽매한 엄마였는지 모른다. 아이는 받아쓰기 시험을 볼 때마다 100점을 맞았고, 드디어 같은 반 엄마들로부터 받아쓰기 100점 맞는데 비법이 무엇이냐며 부러움을 샀다. 나는 다른 엄마들이 못하는 받아쓰기 100점 맞게 아이를 잘 양육하는 엄마였다. 하나는 알고 둘은 모르는 엄마였다. 아이가 공부를 잘하는 모습은 나의 자랑이었고 자부심이었다. 아이는 하기 싫은 공부를 하려고 하니 점점 공부에 싫증을 느끼기 시작했다. 정작 공부해야 하는 중요한 시기에는 공부를 하지 않는 모습이 보이기 시작했다.

아들이 대학을 나오고 안전한 직장을 잡기 위해 공무원 시험을 준비하던 중 나는 헛똑똑이 엄마였다는 사실을 깨달았다. 어느 날 아들에게 엄마를 위해 공무원 시험공부는 하지 않아도 된다고 말했다. 아들은 그날로 공부를 때려치우더니 한 달도 되지 않아서 아는 선배의 회사에 취직을 하고 왔다.

그동안 엄마의 눈치를 보면서 얼마나 공부가 하기 싫었을까 생각하면 지금도 반성이 된다. 상담을 공부하면서 나는 얼마나 형편없는 엄마였는지 뒤늦게 알아차린 것이다. 늦게나마 상담을 공부한 것이 얼마나 다행인지 모른다. 손에 쥐고 있던 허망한 것들을 내려놓으니 그렇게 편해지는 것을 지금은 아들도, 나도 행복한 마음으로 살고 있다.

아이가 누구인가? 어디서 와서 내게 왔는지 부모는 생각해 본 적이 있는가? 몸은 부모인 엄마와 아빠가 주었을지 모르지만, 열 달 동안 엄마

배 속에 있으면서 부족함이 없는 영혼을 가진 한 인간의 모습으로 태어난다. 그것은 엄마와 아빠가 준 능력이 아니다. 인간으로서는 도저히 설명할 수 없는 기적이다. 기적으로 태어난 내 아이는 내 소유가 아니다. 내가 행복하게 길러내야 할 존귀한 소우주다. 그런 관점에서 본다면 어리다고 부모가 이래라저래라 마음대로 키울 일이 아니다. 아이들은 모두 자신만의 고유한 특성을 가지고 태어난다. 부모의 욕심으로 그 특성을 덮어씌우는 잘못은 범하지 말아야 한다.

부모로서 아이에게 가져야 할 마음이 있다. 알고 보면 부모의 가슴에는 상상할 수 없는 양의 사랑이 가득 차 있다. 그 사랑을 적절한 방법으로 아이에게 전해주지 못하고 있을 뿐이다. 박노해 시인의 시 「부모로서 해줄 단 세 가지」에서 시인은 다음과 같이 말하고 있다.

"부모로서 잘 살지 못하면서 미래에서 온 아이의 삶에 함부로 손을 대는 건 월권행위."

부모의 욕심을 채우기 위해 월권행위를 하는 부모는 되지 말아야 한다. 부모의 깨달음은 자신을 돌아보는 것에서 시작한다. 아이를 위한다는 행동이 정말 아이를 위한 일인지, 부모의 욕심을 채우는 일은 아닌지 반성해 보아야 한다. 부모의 이루지 못한 욕구의 대리만족은 아이를 슬프게 한다. 내 아이의 인생을 망친다. 부끄러운 부모가 되지 않도록 항상 깨어서 알아차려야 한다.

〈뇌파가 안정되는 음악 명상 TIP〉

"마음이 행복해져요!" 음악 명상 실천 방법

- 숨을 들이쉬고 내쉬면서 편안한 마음을 갖는다.
- 3분 정도 아이와 명상음악을 듣는다.
- 오직 음악에만 집중한다.
- 자연을 닮은 잔잔한 명상음악을 항상 곁에 두고 듣도록 한다.

5장

내 아이가 달라지는
부모표 명상 공부

01

공감만 해 줬는데 내 아이가 달라진다고?

사람의 말속에는 그 사람의 에너지가 들어 있다. 행복한 말속에는 그 사람의 행복한 에너지가 전해지고 화가 난 사람의 말 속에는 불안한 에너지가 전달된다. 그것은 우리 몸에서 감정에 따라 나오는 호르몬의 영향을 받기 때문이다. 행복한 말 속에는 행복한 호르몬이 들어 있어서 상대방에게도 행복이 전달된다. 화가 나거나 스트레스를 받으면 몸속에서는 순식간에 나쁜 호르몬이 나온다. 나쁜 호르몬이 들어가 있는 말은 상대방에게 그대로 전해져 서로 기분이 나빠지게 된다.

우리 몸의 70%는 물로 되어 있다. 밥은 며칠 굶어도 죽지 않지만, 물은 하루, 이틀만 먹지 못해도 죽음에 이를 수도 있다. 에모토 마사루의 『물은 답을 알고 있다』 저서를 처음 보았을 때 '말도 안 돼. 물이 무슨 생각을 한다는 말인가?' 하고 의아해했었다. 에모토 마사루는 물을 더 잘게 쪼갤 수 없을 때까지의 미립자로 쪼개서 실험해 보았다. 실험의 결과는 입이 딱 벌어질 정도로 충격적이었다. 물에다 "망할 놈", "죽여버릴 거야!", "짜증 나.", "악마" 등의 부정적인 말을 했을 때 물의 결정체는 보기 싫게 찌그러져 있었다. 또한 나쁜 글씨를 보여 주었을 때도 같은 현상이 일어났다. 반면 "사랑해!", "감사해!", "고마워!" 와 같은 긍정적인 말을 들려주었을 때의 물의 결정체는 다이아몬드처럼 빛났다. 우리 몸의 70%는 물로 되어 있다. 나쁜 말을 하거나 들으면 몸속의 물 결정체가 찌그러지고 흉해지는 것은 불을 보듯 뻔한 일이다. 욕을 하면 제일 먼저 듣는 사람도 나이고 나쁜 글을 쓰면 제일 먼저 보는 사람도 자신이다. 그러니 욕을 하는 사람이나 듣는 사람이나 기분이 나빠질 수밖에 없다. 우리가 하는 말은 이렇게 영향력이 대단하다. 무심코 내뱉는 말이 나와 남을 상하게 하는 독이 될 수도 있다.

부모인 나는 아이에게 어떤 말을 많이 하고 있는가? 부정적인 말인가 긍정적인 말인가? 내 아이가 왜 이렇게 말을 안 듣지? 하기 전에 나는 아이에게 어떤 말을 쓰고 있는지 생각해 보아야 하지 않을까? 부모인 내가 하는 말이 자녀에게 치명적인 독이 될 수도 있다는 것을 알아차려야 한다.

아이들은 부모로부터 큰 것을 바라지 않는다. 자신의 이야기에 귀 기울여 주고 마음을 알아주는 것을 원한다. 특히 무엇보다 엄마가 자신의 이야기를 듣고 공감해 주기를 원한다. 하지만 엄마는 살다 보니 마음이 복잡하다. 아이의 이야기를 들어줄 여유가 없다. 그러니 아이의 이야기는 전혀 듣지 않고 동문서답하듯 자기의 말만 한다. 윤동재 시인의 시 「우리 엄마」를 보면 엄마의 마음과 아이의 마음이 잘 드러나 있다.

「우리 엄마」

숙제해라. 학원 갔다 오너라
시험점수가 이게 뭐니? 공부해라
우리 엄만 이런 말밖에 모르나 봐요
초롱꽃 피었더라 초롱꽃 보러 갈까
하늘이 맑구나 하늘을 보자
(중략)
우리 엄마
이런 말은 아예 모르나 봐요

마음이 불안한 아이들은 다른 사람의 마음을 받아 줄 여유가 없다. 다른 친구의 사소한 말과 행동에도 그냥 지나치지 못하고 화를 낸다. 심지어는 아무런 이유 없이 친구를 괴롭히기까지 한다. 자신의 불안을 다른 사람에게 풀어야지만 스트레스가 풀리는 사람처럼 이유도 없이 발을 걸고 때리고 욕한다. 그런데 그런 아이일수록 대화를 나누고 마음을 알아주면 눈물부터 흘린다. 정말 문제아라고 하는 아이도 아이의 마음속 이야기만 들어 줘도 눈물을 흘린다. 그만큼 아픈 아이의 마음을 아무도 알아주지 않았다는 이야기다. 신기하게도 녀석들이 눈물을 흘리고 나면 순한 양이 된다는 것이다. 단지 아이의 말을 들어주고 공감해 주었을 뿐인데 아이들은 달라지기 시작한다. 따뜻한 말 한마디는 이렇게 사람의 마음을 녹인다. 이런 아이의 이야기를 부모가 들어주고 공감해 준다면 아이들은 얼마나 행복할까?

서울 도심에서 오토바이를 훔쳐 달아나던 전과 14범 소녀의 재판이 있는 날이었다. 중년의 여판사는 소녀를 향해 자리에서 일어나 나를 따라 힘 있게 외쳐 보라고 말했다.

"나는 이 세상에서 가장 멋지게 생겼다."

머뭇머뭇하는 소녀를 향해 이번에도 다음과 같은 말을 외쳐 보라고 했다.

"나는 이 세상에서 두려운 것이 없다."

"이 세상에서 나는 혼자가 아니다."

"나는 무엇이든지 할 수 있다."

소녀는 "이 세상에서 혼자가 아니다."라고 외칠 때 눈물을 터트렸다. 판사와 방청석의 사람들도 모두 눈물을 흘렸다.

소녀는 작년까지만 해도 학교에서 상위권을 유지하며 공부를 잘하는 여학생이었다. 어느 날 남학생들에게 끌려가 집단 폭행을 당한 후 소녀의 삶은 망가지기 시작했다. 어머니는 충격으로 하반신이 마비되고 소녀는 학교를 겉돌며 비행을 저지르기 시작했다. 남의 물건을 훔치고 오토바이를 훔쳐 도망가다 붙잡히게 되었다.

여판사는 방청객과 참관인들 앞에서 이 아이가 이렇게 된 것은 누구의 잘못도 아닌 우리의 잘못이라고 울먹이며 말했다. 판사는 다시 소녀를 앞으로 불러 세우고

"이 세상에서 누가 제일 중요할까?"

"그건 바로 너다."

"이 사실만 잊지 말아라."

그러고는 팔을 뻗어 소녀의 손을 꼭 잡아 주었다.

이 사례는 서울가정법원 김귀옥 판사의 법정 판결 실화다. 판사는 이날 이례적으로 소녀에게 '불기소처분'이라는 따뜻한 판결을 했다.

우리의 주위에는 마음이 아픈 아이들이 너무 많다. 그 마음이 아픈 아이들의 마음을 부모가 알아주면 얼마나 좋을까? 거창하지 않아도 된다. 이야기를 들어주고 마음에 공감만 해줘도 아이는 아파하지 않는다. 학교

에서 만나는 마음이 아픈 아이들을 볼 때면 너무 안타깝다. 자녀가 아파하고 있다고 부모에게 말해도 소용이 없다. 이런 부모는 담임인 내 이야기에도 귀를 닫는다. 선생님인 내가 가정에서 벌어지는 일은 어떻게 해줄 방법이 없다. 답답하고 안타까운 마음이 더해지다 보니 상담 공부를 하게 되었다. 상담자의 시선으로 보니 마음이 아픈 아이들이 정말로 많았다. 선생님인 내가 아이들의 마음만 알아줬는데도 아이들의 모습이 변화하기 시작했다. 선생님이 해주는 이 역할을 부모가 해준다면 아마도 아이들의 아픔 마음은 더 빨리 치유가 될 것이다. 더 빨리 행복해질 수 있을 것이다.

아이들은 자신의 의견을 잘 말하지 못하고 다른 사람의 이야기도 잘 듣지 못한다. 그래서 시간을 내서 아이들과 동그랗게 모여 앉아 자신의 이야기를 하고 친구의 이야기를 듣는 서클 활동 수업을 자주 하게 되었다. 도겸이는 부모가 이혼하고 지금은 엄마와 외할머니와 사는 아이였다. 도겸이는 부모의 이혼을 받아들이지 못하고 마음이 매우 혼란스러운 상태였다. 학교에 오면 자꾸 아이들을 괴롭혔다. 어머니는 자신도 이혼을 견디기 힘들어서 상담받았고, 도겸이를 위해 상담을 시작했다고 했다. 도겸이는 수업 시간에 손톱에서 피가 나도록 손톱을 물어뜯었다. 그 모습을 볼 때마다 안쓰럽고 마음이 아팠다. 또 도겸이는 팔에 아토피가 심해서 피부가 갈라지고 진물이 날 때도 있었다. 도겸이는 그 모습을 친구들에게 보이는 것이 싫어서 더 심술을 부렸다. 이야기를 하고 듣는 활동을 통하여 아이들은 친구의 말을 경청하고 자신의 이야기를 조금씩 하기 시작했다. 한 학년이 끝날 무렵 서클 활동 시간에 도겸이가 말하게 되었다. 도겸이는 쑥스러운 표정으로 팔의 아토피에 대해 누구도 놀리거나 더럽다고 말하지 않아서 고맙다고 속마음을 털어놓았다. 도겸이가 속에 있는 마음을 털어놓자 아이들도 마음에 문을 열기 시작했다. 그날 수업은 감동이었다. 아이들도 모두 행복한 얼굴이 되었다. 어디 가서 하지 못한 말들을 친구들에게 털어놓는 모습을 보여 주었다. 이렇게 아이들은 자신의 이야기를 들어주고 공감만 해 줘도 놀라운 변화를 가져온다. 꼭 부모가 아니어도 가족이나 친구, 선생님 등 자신의 마음을 알아주는 사람만 있으면 아이의 삶은 달라진다. 진심으로 행복해질 수 있다.

아이의 감정을 받아주지 않으면 아이는 부모와 엇나간다. 부모는 아이가 이야기하면 일단 들어주고 공감해 줘야 한다. 충분히 들어주고 공감해 준 다음 아이의 행동에 대해 해야 할 것과 하지 말아야 할 것에 대해 말해주어야 한다. 그러면 아이는 부모에게 존중받고 자기의 행동은 비난받지 않았다고 느끼게 된다. 부모는 부모의 말로 가르치려고 했던 습관을 버리고 아이의 말에 먼저 귀 기울이는 연습을 할 필요가 있다. 아이는 부모가 자신을 존중한다는 느낌이 들면 부모처럼 귀 기울이는 모습을 닮을 것이다. 습관은 알아차리고 고치려 하지 않으면 원래대로 돌아간다.

부모는 항상 알아차리고 깨어 있는 마음으로 자녀의 말에 귀를 기울여야 한다. 항상 알아차리는 생활 속 명상이 자리 잡아야 한다. 자녀와의 행복한 미래는 알아차림이 답이다. 우리 아이 이야기만 들어주어도 달라질 수 있다. 행복해질 수 있다.

02

엄마! 나 이제 불안하지 않아요

부모 중에 최악의 부모는 아이에게 혼란을 주는 부모이다. 아이가 이렇게 하지도, 저렇게 하지도 못하게 만드는 부모이다. 힘없는 아이가 부모에게 다가갈 수도, 그렇다고 부모를 멀리할 수도 없는 상태로 만드는 부모이다. 아이의 불안은 부모의 반응을 예측할 수 없을 때 일어난다. 부모가 언제 기분이 나빴다 좋을지, 좋았다가 또 언제 화를 낼지 가늠이 되지 않을 때 불안하다. 불안은 아이를 제대로 자라지 못하게 한다. 아이에게는 먹는 것도 중요하지만 마음을 알아주는 사랑이 더 중요하다.

3월 초 아이들을 만났는데 옆 반에 부모에게 심한 욕과 폭력을 거의 매일 당하고 자라는 아이가 있었다. 학기가 시작된 지 얼마 되지 않아서 옆 반 선생님은 아이가 그 정도인 줄은 모르셨다고 했다. 선생님은 어느 날 아이가 학교에 나오지 않았고 경찰서로부터 연락을 받았다. 아이의 옆집에서 아동학대로 신고하여 아이는 바로 격리 조치되었다고 했다. 부모는 경찰서에서 조사받았고 하루아침에 아이의 행방을 모르게 되었다. 그렇게 학대를 일삼더니 아이의 행방을 찾아 담임 선생님을 찾아왔다. 담임 선생님도 아이의 행방을 전혀 알 수 없었고 부모는 혹시 선생님이 신고하지 않았을까 의심스러운 말만 늘어놓고 돌아갔다. 아이는 보호 시설에서 지내고 있다고 했다. 미성년자이기 때문에 아이가 원하면 다시 부모에게 돌려보내진다고 한다. 하지만 아이는 부모에게 돌아가지 않는 삶을 선택했다. 초등학생의 경우 거의 대부분 다시 자신을 학대하는 부모 곁으로 돌아갈 수밖에 없는 선택을 한다고 한다. 힘없는 아이가 할 수밖에 없는 선택이 학대하는 부모인 현실이 너무 안타깝다. 하지만 옆 반 아이는 어린아이임에도 불구하고 부모를 선택하지 않았다. 얼마나 부모의 학대가 심했으면 그 어린아이가 부모에게 돌아가지 않는 길을 선택했을지 마음이 몹시 아팠다.

학대하는 부모만 있는 것은 아니다. 남편의 폭력을 견디다 못해 이혼해도 아이를 잊지 못해 시간이 흐른 뒤 아이를 찾아 다시 정성을 다해 기르는 엄마도 있다. 요즘 이혼율이 늘어가면서 사회의 세태도 변해간다.

이혼하는 부부가 서로 아이를 데려가지 않겠다고 싸우는 경우가 종종 벌어지고 있다. 부모가 된다는 것은 끝까지 아이를 책임지는 일이다. 그 책임을 서로에게 떠넘기고 회피하고 있다. 자신을 데려가지 않겠다고 싸우는 부모를 보는 아이의 심정은 어떨 것인지 부모는 짐작이나 할 수 있을까? 어쩌다 세상이 이렇게 되어가는지 걱정스럽다. 부모로부터 버림을 받았다는 생각을 가지고 자란 아이들이 자라서 이루는 사회는 어떤 모습이 될지 벌써 걱정이 된다.

수영이는 요즘 너무 행복하다. 부모님이 이혼하고 아버지와 살다가 엄마가 자신을 데리러 왔기 때문이다. 아버지와 살 때는 아버지가 너무 무서워서 말도 못 하고 살아야 했다. 아버지는 거의 매일 저녁 술을 사 가지고 들어왔다. 그때부터 수영이는 불안해지기 시작했다. 아버지는 술을 드시면 수영이에게 욕도 하고 맘에 안 들면 때리기까지 했다. 그 이유는 수영이가 엄마를 닮아서 꼴보기 싫다는 것이었다. 어린 수영이는 자기의 잘못도 아닌데 항상 죄책감이 들고 불안해했다. 그런 수영이가 안쓰러워 엄마는 가끔 수영이를 보러 왔다. 엄마와 살겠다고 울며 매달리는 수영이를 엄마는 조금만 기다리라고 달래며 돌아갔다. 수영이는 우울해져 갔고 학교생활도, 공부도 잘할 수가 없었다. 아버지만 생각하면 학교에서도 숨이 막히고 죽을 것 같은 날들이 늘어 갔다. 그러던 어느 체육 시간, 수영이는 눈앞이 캄캄하고 가슴이 답답해서 쓰러지고 말았다. 병원에 실려 간 수영이는 각종 검사를 다 했지만, 원인을 찾을 수 없었다. 그러다 마지막으로 간 정신과에서 공황장애라는 진단을 받게 되었다. 아버지는 그런 수영이를 위로하기는커녕 못마땅하게 여기게 되었다. 놀라서 달려온 엄마가 아버지에게 수영이를 자신이 키우겠다고 간곡히 부탁하여 겨우 엄마의 집으로 오게 되었다. 엄마는 방 한 칸에 화장실이 딸린 반지하에 살고 계셨다. 집은 수영이에게는 문제가 되지 않았다. 수영이는 아파트인 아버지 집보다 훨씬 마음이 편하고 좋았다. 수영이는 상담 치료를 받으며 몰라보게 좋아지게 되었다. 죽을 것 같던 불안에서 벗어나 마음이 편안해졌다. 수영이는 엄마에게 말했다. "엄마! 나 이제 불안하지 않아요. 엄마와 함께 살게 되어서 행복해요."

아이들이 자기의 삶을 위해 선택할 수 있는 능력은 아무것도 없다. 부모의 선택이 아이의 선택이 되는 것이다. 아이들이 불안해지는 원인 중 하나는 부모의 양육방식이다. 특히 부모가 불안하거나 강박이 심할 경우 아이도 불안한 아이가 되는 경우가 많다. 이런 부모는 미리 아이의 불안을 추측하고 해결해 준다. 불안한 사람은 문제에 부딪히면 회피하는 경우가 많다. 불안을 이기는 방법의 하나는 불안을 정면으로 마주하는 것이다. 하지만 부모가 불안을 회피하는 모습을 보고 자란 자녀 또한 불안을 회피하게 된다. 자신의 불안을 해결할 기회를 얻지 못한 아이는 세상을 불안하게 바라보고 더 불안해진다. 아이들의 불안은 부모에게서 왔다고 해도 과언이 아니다. 학대받고 불안한 아이의 뇌는 코르티솔 수치가 높아져 집중력, 자제력이 약해진다. 내 아이를 존중하고 행복하기를 원한다면 아이가 불안하지 않도록 부모가 환경을 만들어 주어야 하지 않을까?

어렸을 적 꿈을 많이 꾸었다. 꿈속에서 무엇인지 모르는 괴물이 쫓아오는데 왜 그렇게 달리기가 되지 않고 다리가 무거운지 애쓰다 깨는 경우가 많았다. 어른들에게 말하면 자라느냐고 그런 꿈을 꾼다고 위로했다. 어른이 되어 누군가 했던 말이 생각이 났다. 괴물이 쫓아 올 때 죽어라 도망가지 말고 획 뒤돌아 괴물의 정체를 확인해 보라고 그러면 아무것도 아닐 수도 있다고 이야기했다. 이야기를 듣고 보니 정말 그럴 수도 있을 것 같다는 생각이 들었다. 불안은 실체를 알지 못할 때 일어난다. 그래서 그런가 많은 사람이 불안을 안고 산다. 하지만 정상적인 불안은 문제가 되지 않는다. 아이들은 자라면서 곤충이나 유령, 괴물들에 대한 막연한 공포를 느끼고 자란다. 그런 공포는 시간이 지나면 자연스럽게 없어진다. 불안이 생활에 영향을 미칠 때 문제가 된다. 불안은 잘게 쪼개서 들여다보면 원인이 보이고 해결할 힘이 생긴다. 그 방법의 하나가 명상이다.

어른이나 아이나 살아가면서 스트레스를 받게 된다. 화가 난다거나 불안하다거나 할 때 그 반응은 우리 몸으로 나타난다. 심장이 빨리 뛰고 땀이 많이 난다거나 숨이 가빠진다. 이럴 때 '이완 명상'으로 편안함을 가져올 수 있다. 이완 명상할 때 가족이 모두 모여서 하면 더 효과적이다. 아이는 가족이라는 울타리 안에서 편안함을 더 잘 느낄 수 있기 때문이다.

이완 명상을 배울 때는 편안한 환경을 조성하는 것이 중요하다. 편안한 명상음악을 들어도 좋고 편안한 쿠션이나 소파를 사용해도 된다. 다만 부모가 이완된 모습을 보여 주는 것이 제일 좋은 방법이다. 간단하게 할 수 있는 이완 명상은 다음과 같다. 부모의 부드러운 목소리로 이끌어 주면 더 효과적이다.

〈이완 명상〉

1단계

• 코로 숨을 천천히 들이쉬고 내쉰다. 눈을 감고 오른손을 쥘 수 있는 만큼 꼭 쥔다. 하나, 둘, 셋, 넷, 다섯까지 센 다음 손가락, 손바닥에 힘을 빼고 뚝 떨어트린다. 헝겊 인형의 손처럼 완전히 늘어트린다. 왼손을 쥐고 오른손에 한 것처럼 하나, 둘, 셋, 넷, 다섯까지 센 다음 손가락, 손바닥에 힘을 빼고 뚝 떨어트린다. 아이들에게 손을 꼭 쥐었을 때와 힘을 뺐을 때의 느낌을 들어 본다.

2단계

· 두 팔을 앞으로 쭉 내밀고 팔과 주먹을 쥔 손에 힘을 준다. 그 상태에서 하나, 둘, 셋, 넷, 다섯까지 센다. 숨을 내쉬면서 팔에 편안하게 힘을 빼고 늘어트린다. 헝겊 인형의 팔처럼 완전히 늘어트린다. 아이들에게 팔에 힘을 주었을 때와 힘을 뺐을 때의 느낌을 들어 본다.

3단계

· 숨을 들이쉬고 천천히 내쉬며 눈을 뜬다. 팔을 들어 기지개를 켜 본다.

4단계

· 1, 2단계 이완 연습이 잘 되면 온몸을 이완하는 연습을 한다.

· 숨을 들이쉬고 천천히 내쉰다. 얼굴 근육을 긴장시키고 어깨를 목까지 끌어올리고 배, 팔과 다리에 힘을 주고 다리, 발, 발가락에 힘을 준다. 하나에서 다섯까지 세며 온몸이 뻣뻣해지도록 힘을 준다. 이제 숨을 들이쉬고 내쉬면서 온몸에 힘을 완전히 뺀다. 몸에 힘이 다 빠지도록 천천히 이완한다. 몸이 편안하게 풀어지는 느낌에만 집중한다.

5단계

· 숨을 편안하게 들이쉬고 내쉰다. 편안한 장소나 상황을 떠올리고 오감으로 생생하게 느껴본다(아이의 상상을 돕기 위해 동화책에 나오는 장면이나 가족과 함께 갔던 여행지, 숲 속, 해지는 광경, 꽃밭 등을 활용한다).

이완 명상이 습관화되면 아이는 친구들과의 갈등 상황이나 급박한 상황에서 호흡하며 한 박자 뒤로 물러나 사태를 객관적으로 보는 능력이 생긴다. 이 습관은 무엇보다 부모가 아이에게 줄 수 있는 최고의 선물이다. 명상으로 일단 자신을 알아차리는 습관이 된 아이는 문제를 전체적으로 볼 수 있는 통찰의 능력 또한 생긴다. 차분하게 집중하게 되고 자신의 문제를 스스로 해결할 수 있게 되어 일상생활이 불안하지 않게 된다. 불안하지 않은 아이는 무엇이든지 할 수 있다. 자신감을 가지고 자기의 삶을 계획하고 살아갈 수 있다. 부모가 아이에게 바라는 최고의 모습이다.

03

부모에게 부족한 것은 능력이 아니라 공감이다

3월이 되어 초등학교 1학년이 입학하게 되었다. 먼저 놀란 것은 아이들이 메고 있는 형형색색의 가방이다. 아이들이 입고 있는 옷 또한 화려하기 그지없다. 처음으로 학교에 가는 내 아이를 위해 부모들은 돈을 아끼지 않는다. 그런데 아이들은 긴장한 모습이 역력했다. 처음 학교에 와서 그럴 수도 있겠지만 그렇게 행복해 보이지는 않았다.

내가 강원도 산골에서 1학년에 입학할 때는 가방을 메고 있는 아이들이 그렇게 많지 않았다. 강원도 산골이어서 더 그랬던 것 같다. 아이들

가슴에는 콧물이 날까 봐 코 수건이 하나씩 매달려 있었고 학용품 또한 넉넉하지 않았다. 소풍 가서 보물찾기에서 받은 연필과 공책이 너무 아까워서 쓰지 않고 선반에 올려놓았던 기억이 있다. 하지만 물질적으로는 풍부하지 못했을지 모르지만, 마음만은 넉넉하고 행복했었다. 요즘 아이들은 점점 갈수록 행복해 보이지 않는다. 우리나라는 자살률도 세계 1위이다. 무엇이 우리 아이들의 행복을 뺏어가는 것일까? 부모인 우리가 곰곰이 생각해 봐야 하지 않을까?

아이가 친구들과 갈등의 관계에 놓일 때 어떻게 해결하는지를 보면 부모의 모습이 보인다. 부모가 갈등이 있을 때 폭력적이지 않고 현명하게 문제를 해결하는 모습을 보고 자란 아이는 화를 내지 않고 갈등을 풀어나간다. 반면 부모가 폭력적으로 갈등을 해결하는 모습을 보고 자란 아이는 폭력으로 갈등을 해결하려고 한다. 초등학교 20년 동안 아이들을 보아온 결과 한 달만 지나면 아이 뒤에 있는 부모의 모습이 보이기 시작했다. 아이는 부모와 거의 생활 모습이 닮아 있다. 배려할 줄 모르는 아이 뒤에는 이기적인 부모가, 분노가 조절이 안 되는 아이 뒤에는 아이의 감정을 무시하는 부모가, 실패해도 씩씩한 아이의 뒤에는 아이를 인정하는 부모의 모습이 보였다.

감정은 다양한 자극을 통해서 발달한다. 부모가 제공하는 긍정적 경험은 아이의 감정을 넉넉한 아이로 자라게 한다. 공감은 일찍 시작하는 것이 좋다. 부모가 공감을 잘하려면 아이의 성장에 눈높이를 맞추어야 한다. 부모의 시선으로 아이를 보면 아이는 한없이 모자라고 약해 보인다. 부모도 그런 시절을 겪고 어른이 되었지만 내 아이를 만나면 잘 키우고 싶어서 그 마음을 다 잊어버린다. 부모의 말을 먼저 내세우는 부모가 되고 만다.

넘쳐나는 정보 속에서 그 정보에 아이를 맞추려고 하면 아이는 지친다. 특히 옆집 아이와 내 아이를 비교하는 어리석은 행동은 하지 말아야 한다. 각자 다르게 태어난 아이의 특성을 무시하고 무조건 하라고 명령하는 부모는 아이를 망치는 지름길로 가고 있다. 아직 오지도 않은 미래를 바라보며 지금 내 아이가 힘들어하고 있는 것은 보지 못한다. 현재가 있어야 미래도 있다. 지금 내 아이의 마음부터 들여다보고 힘을 줄 때 미래도 있다.

도식이는 과학, 수학 영재였다. 영재 중에도 부모들이 자랑스러워하는 교육청 영재였다. 수학, 과학은 다른 아이보다 잘했다. 문제는 아이들과의 소통이었다. 도식이는 교과서에 나오는 게임을 할 때도 자신이 이기지 않으면 쉬는 시간이 되어도 상대 아이를 괴롭히며 끝까지 이기려고 했다. 어느 날은 영어 전담 선생님이 도식이를 데리고 왔다. 영어 시간

게임에서 도식이가 졌다고 상대 아이를 괴롭혀서 데리고 온 것이다. 친구들은 아무도 도식이와 게임을 하려고 하지 않았다. 도식이는 어려서부터 영재라는 소리를 많이 듣고 자라다 보니 무조건 이겨야 한다는 생각이 무의식에 각인된 아이였다. 반면에 자신의 감정을 부모에게 공감받아 본 경험은 거의 없는 아이였다. 내가 공감을 받아봤어야 아이들 감정에 공감해 줄 텐데 방법을 모른다. 배운 적이 없으니 당연히 모르는 것이다. 도식이 부모님께 도식이의 행동에 관해 이야기해도 공감은커녕 오해하려고만 했다. 부모도 도식이와 같이 감정이라는 단어를 모르는 사람 같았다. 그 밑에서 자라는 도식이가 오직 이기는 것만 중요한 아이가 된 것은 이상한 일이 아니었다.

같은 반에 공부는 잘못하지만 성실한 경호가 있었다. 우유 급식 당번을 하겠다고 손을 번쩍 들었다. 우유가 오면 나누어 주고 빈 우유갑을 다시 채워서 놓는 것까지가 우유 당번이 할 일이다. 아이들에게 친절하게 우유를 책상에 한 개씩 배달했다. 다 먹은 아동은 앞에 우유 상자에 우유갑을 다시 넣어야 하는데 우유를 다 먹지 않고 그냥 갔다 두는 아이들이 생겼다. 그러다 보니 우유가 바닥에 쏟아지는 일이 벌어졌다. 경호는 우유를 다 먹지 못하는 아이를 기다려 주면서 우유 급식 책임을 끝까지 다 했다. 행동은 차분하고 말씨도 조용조용했다. 그런 경호를 친구들은 매우 좋아했다.

반장 선거가 있는 날 많은 아이가 경호에게 자신의 표를 기꺼이 던졌다. 경호는 자신이 반장에 된 것에 놀라는 눈치였다. 도식이는 자신이 자신을 추천해서 나왔지만, 한 표에 그쳐서 반장 선거가 끝난 뒤 당황하는 눈치였다. 반장도 성적순이 아니라 공감순이라는 것을 아이들이 증명한 선거였다.

부모의 공감은 아이에게 영향을 미친다. 부모가 아이의 감정을 있는 그대로 인정해 주고 수용해 주는 아이는 자존감이 높아지고 친구와의 관계가 좋아진다. 반면 부모가 아이의 감정을 무시하면 아이는 불안은 높아지고 자존감은 낮아진다. 예전에는 IQ가 높은 아이가 공부도 잘하고 성공한다고 알고 있었다. 세대가 바뀌어서 EQ(정서지능)가 높은 아이들이 공부도 잘하고 친구 관계가 좋고 스트레스에도 강하다는 것이 밝혀졌다. 친구의 말을 잘 들어주고 마음을 알아주는 아이가 인기가 높을 수밖에 없다. 정서지능은 부모와의 관계에서 아이가 갖게 되는 능력이다. 부모는 이렇게 아이에게 영향을 미치는 존재이다. 어렸을 적뿐만 아니라 아이가 살아갈 앞날에도 강력하게 영향을 주는 사람이다. 아이를 잘 키우려면 공감부터 시작하는 것이 답이다.

그럼 아이에게 좋다는 공감은 어떻게 키우는 것일까? 부모들은 자신의 감정 표현을 잘 하지 않는다. 어른이니까, 부모이니까, 사람들이 보니까, 아이에게 상처 줄까 봐, 내가 한 번 참고 말지 등 여러 가지 이유로 자신의 감정 표현을 잘 하지 않는다. 그러다 보니 감정을 잘 해결하지 못한다. 그런 부모 밑에서 자란 아이 또한 감정을 해결하는 방법을 몰라 혼란스러워한다. 공감은 쌍방에서 일어날 때 더 효과가 있다. 그렇게 되려면 부모도, 아이도 서로 감정을 표현하고 공감하는 연습을 해야 한다. 부모가 먼저 아이의 말에 귀 기울이며 공감하는 모습을 보여 주어야 한다. 공감을 충분히 받고 부모가 자신을 믿는다는 확신이 생긴 아이는 부모뿐만 아니라 친구에게도 여유를 가지고 공감하는 모습을 보인다. 공감을 먼저 하고 자신의 이야기해도 늦지 않다. 하지만 많은 사람이 그 시간을 기다리지 못하고 자신의 이야기를 하려고 말을 자르고 중간에 끼어든다. 어른이고, 아이고 자신의 이야기를 끝까지 들어주지 않는 사람을 좋아할 리 없다. 존중받는 느낌이 들지 않기 때문이다.

딸이 중학교 때인가 하루는 학교에 갔다 와서는 과학 선생님께 맞았는데 자신은 너무 억울하다고 했다. 허벅지를 맞았다며 보여 주는 데 퍼렇게 멍이 들었다. 순간 화가 났지만, 나는 과학 선생님과 같은 선생님이 아닌가. 아이가 무슨 잘못을 했으니까 때렸겠지. 내가 자랄 때는 모든 부모가 그렇게 말했었다. 나는 보고 듣고 자란 대로 딸아이에게 "네가 무엇인가 잘못 했으니까 선생님이 때렸겠지 그냥 때리는 선생님이 어디 있느냐?"라고 냉정하게 말했다. 딸아이는 울면서 다른 엄마 같으면 얼마나 아프냐고 자신의 편을 들어주었을 텐데 엄마는 남의 엄마 같다며 방으로 들어갔다. 그다음부터 딸은 나에게 학교에서 있었던 일을 말하지 않았다. 엄마인 내가 아이와의 대화 창구를 닫게 만든 것이다. 상담 공부를 하면서 내가 얼마나 못된 엄마였는지 후회하고 또 후회했다. 얼마나 아프냐고 공감하고 아이의 이야기를 들어준 다음 내 말을 했어도 될 것을 공감은커녕 아이의 이야기도 다 들어주지 않고 내 말만 했다. 아이가 얼마나 상처를 입었을까 지금 생각해도 얼굴이 화끈거린다.

다수의 부모가 나처럼 아이에게 말할 것이다. 왜? 그렇게 부모에게 배웠고 자기감정을 공감받아 본 경험이 없으니까. 아직도 많은 부모가 자기의 잘못을 모르고 아이에게 상처를 주고 있는 것이 현실이다. 부모도 배워야 한다. 아이와 함께 성장하지 않으면 내 아이를 제대로 키울 수 없다. 아이가 세상에 나가 제대로 대처하며 살아갈 힘을 주지 못하게 된다.

요즘 어려운 처지에 놓인 아이들을 상담하여 긍정적 효과를 보여 주고 있는 오은영 박사는 〈EBS 육아 학교〉 토크에서 아이의 부정적인 감정이 나타났을 때 그냥 수용해 주는 것이 먼저라고 말한다. 수용은 아이의 감정이 옳다는 것이 아니라 그냥 그대로 인정해 주는 것이라고 말한다. 감정을 받아 줄 때는 과하지 않게 딱 그 상황에서 느껴지는 감정만 받아 주어야 한다는 것이다. 그리고 나서 행동에 대한 비난이 아닌 한계와 지침을 주어야 한다고 강조하고 있다. 공감해 주고 나서 부모의 말을 해도 늦지 않다. 하지만 많은 부모가 공감은 빼먹고 비난과 훈계만 하는 경우가 종종 있다. 부모들이 잊지 말아야 할 것은 공감이 먼저라는 것이다. 그러나 공감은 하루아침에 절대 이루어지지 않는다. 인내를 가지고 오랜 시간 연습했을 때 비로소 능력이 생긴다.

요즘 부모들은 아이에게 물질적으로 많은 것을 해 준다. 수십만 원 하는 잠바며 신발도 기죽지 말라고 무리해서라도 사준다. 또한 값비싼 핸드폰도 공부 잘하라고 사준다. 부모들이 아이들에게 제공하는 물질 끝에는 꼭 공부가 따라온다. 아이에게 부모가 무엇을 어떻게 해주어야 행복한지는 관심이 없다. 물질의 만족은 오래가지 못한다. 마음에서 오는 만족을 주어야 오래간다. 부모에게는 물질적인 것이 부족한 것이 아니다. 마음을 읽는 공감이 부족한 것이다. 부모는 아이를 기르면서 항상 깨어 있고 알아차리는 습관이 들어야 한다. 그것이 일상 속의 명상이고 답이다.

04

마음을 챙겨야 나를 잃어버리지 않는다

사람들은 자기의 몸과 마음을 나라고 여기고 산다. 사람들의 머리에는 하루에도 오만가지의 생각들이 일어났다 사라진다. 생각은 나를 거쳐 흘러가는 파도 같은 것이지 나는 아니다. 미국의 유명한 심리학자 윌리엄 제임스(William Jamas)는 “이 시대의 위대한 발견은 인간이 자신의 마음을 바꿈으로써 삶을 바꿀 수 있다는 사실을 발견한 것이다.”라고 말했다. 또한 마음의 힘을 뒷받침할 수 있는 혁명적인 발견을 한 것이 ‘양자물리학’ 연구이다. 양자는 에너지 형태를 가진 최소한의 알갱이를 뜻한다. 연구에서 우주는 양자로 가득 채워져 서로 연결되어 있고 이것을 변화하도록 하는 것은 사람의 마음이라는 것을 밝혀냈다. 모든 것은 에너지의 형태로 존재하며 사람의 생각 또한 강력한 에너지이다.

이 에너지가 모든 것을 해결할 수 있는 근본적인 힘을 가지고 있다는 사실을 연구에서 알게 되었다. 인간의 생각이 얼마나 영향력이 있는지 밝혀낸 실험이 있다. 실험자의 생각에 따라 양자의 모습이 바뀐다는 것이다. 마술 같은 결과에 여러 학자가 확인 실험해 보았지만, 결과는 같았다. 양자를 입자라고 생각하고 보면 입자로 나타나고, 파동으로 생각하면 물결치는 모습으로 나타난다는 것이다. 이 실험이 이스라엘의 와이즈만 과학원이 실시한 '이중슬릿 실험'이다. 이 실험의 결과는 명상의 효과를 명확하게 인정할 수 있는 과학적 증명의 하나가 되었다. 내가 어떤 의도로 무엇을 바라보느냐에 따라 그것이 현실로 나타난다는 것이다. 마음의 무한한 힘을 보여 준 획기적인 발견이었다. 그런 무한한 에너지를 가진 우리가 마음을 잘 챙기고 긍정적으로 상상한다면 그 모든 것이 현실로 나타날 것이다. 사람은 그렇게 무한한 마음의 힘을 가진 존재이다. 마음을 잘 챙기고 순수한 나를 만날 때 삶은 달라질 수 있다.

대부분 어른의 마음에는 어렸을 적 상처받은 내면 아이가 살고 있다. 상담받으러 오는 사람들의 대다수가 상처받은 내면 아이를 품고 살다 너무 힘들어서 온다. 그 상처는 거의 다 부모에게서 받은 상처이다. 아무런 힘이 없는 어린아이는 부모가 전부이다. 전부인 부모에게서 받는 상처는 잊히지 않고 가슴에 남아 어른이 되어서도 부정적 영향을 미친다. 어릴 적 상처는 치유하지 않으면 어른이 되어서도 없어지지 않고 어린아이의 자라지 않은 감정으로 사람들을 대하게 된다. 몸만 어른이지 마음에는 상처받은 어린 내면 아이가 살고 있다.

나도 상담 공부를 하면서 정말 오랜 세월이 흐른 뒤에 나의 어린 내면 아이와 만났다. 내 마음속에서 오랜 세월 나를 바라보고 보듬어 안아주기를 바라는 어린아이를 알아차리지 못하고 몇 십 년을 방치했다. 처음 내면 아이를 만났을 때 정말 그 초라한 모습에 눈물이 왈칵 쏟아졌다. 내면 아이를 만난 후 명상으로 아이와 다시 대면하고 안아주며 돌봐주는 작업을 시작했다. 이제 내 내면 아이는 건강해졌으며 더 이상 울지 않는다. 내면 아이를 처음 만났을 때 쓴 글이다. 지금 보아도 가슴이 찡하다.

또 하나의 나

너는 어디서 왔을까? 언제부터 나도 모르게 내 마음에 자리 잡은 너.

50여 년 만에 처음으로 대하는 네 모습은 초라하기 그지없어 눈물이 나는구나.

마음 구석진 곳에서 얼마나 외로웠을까? 나만 바라보고 나만을 위하여 살았을 너.

너는 어느 먼 곳에서 와서 나의 마음 밭에 뿌리 내리게 되었니?

화가 나면 화나는 대로 거친 말도 뱉어내며 더 가지려고 아등바등 살아 온 나의 모습을 보고 선량한 너는 얼마나 애를 태웠을까?

우리가 50여 년 만에 처음 만나던 날, 초라한 네 모습이 가여워 너를 안고 한참을 울먹였지. 나만을 바라보며 모든 나를 위해 살았을 너. 이제 더 이상 외롭게 하지 않을게.

그동안 나를 지켜줘서 정말 고마워.

이제 남은 생은 너와 함께 웃으며 동행하도록 해볼게. 나의 내면 아이야 정말 고마워!

상처받은 내면 아이는 치유하지 않으면 상처 입은 어린아이 그대로 가슴에 살아남는다. 다섯 살 난 아이의 상처 난 마음으로 사람을 만나고 관계를 맺다 보니 항상 삐그덕거리고 또 상처받게 된다. 부모의 마음에 사는 상처 난 내면 아이를 치유하고 그 상처를 아이에게 대물림하지 말아야 한다. 우선 부모가 자신의 마음을 알아차리고 챙겨야 한다. 그래야 나를 잃어버리지 않고 건강하게 내 아이를 키울 수 있다.

나에게 상담받으러 온 한 여인이 있었다. 그는 어려서 아버지가 이혼하고 집을 나간 뒤 어머니는 다섯 살인 여인을 방치했다. 아이는 어머니에게서 사랑도, 먹을 것도 어느 것 하나 제대로 받아 본 적이 없이 외롭고 불행하게 자랐다. 종일 집에서 엄마를 기다려야 했으며 무엇보다 배가 너무 고파서 울다 지쳐 잠든 적이 많았다. 몇 년 후 어머니가 재혼한 아버지에게도 아이는 환영받지 못하는 존재였고 견디다 못해 중학교를 졸업하고 가출하게 되었다. 고생하면서 공장을 전전하며 돈을 벌었다. 어른이 된 여인은 다행히 마음이 따뜻한 남자를 만나 결혼을 했다. 여인은 따뜻한 남편의 사랑에도 불구하고 과거에 학대받은 생각으로 우울증에 시달리게 되었고 남편의 권유로 상담을 받으러 왔다. 여인은 몇 회기 동안을 자신의 살아온 과정을 울면서 이야기했다. 그동안 어디 가서 속 시원하게 이야기 한번 해보지 못했는데 이야기하는 것만으로도 너무 마음이 후련하다고 했다. 명상으로 여자를 편안하게 이완한 다음 내면 아이를 만나게 했다. 여인의 내면 아이는 어둠 속에서 울며 떨고 있다고 했다. 여자에게 다가가서 안아주고 울고 있는 아이에게 이렇게 말하라고 했다.

"네가 잘 버텨주어서 나는 이제는 힘이 있는 어른이 되었어. 이제부터는 내가 너를 돌봐 줄 테니까 외로워하지 마. 이제는 배고프지 않아도 돼. 네가 원하는 거 내가 다 사줄 수 있어."

몇 번을 내면 아이를 만나고 안아주고 돌보면서 여인은 몰라보게 달라져 갔다. 아이가 이제는 웃고 있다고 했다. 여인의 얼굴도 몰라보게 밝아지는 변화를 보였다. 어머니에게 하지 못하고 쌓아 두었던 원망의 이야기는 빈 의자에 어머님이 있다고 생각하고 울면서 쏟아 내면서 마음이 한결 편안하게 정리되어 갔다. 여인은 혼자 견뎌낼 만큼의 마음의 힘이 생기면서 상담을 종결했다.

이제 부모는 알아차려야 한다. 부모인 나의 미해결 된 내면 아이는 없는지 점검해 보아야 한다. 어렸을 적 많은 사람이 상처를 입은 아이를 마음에 품고 어른이 된다. 어렸을 때 상처를 입게 되면 그 기억이 무의식에 각인되어 그 패턴대로 어른이 되어도 인간관계를 맺으려 한다. 아버지가 폭력적이었던 여성은 그렇지 않은 남자들도 그런 눈으로 보게 되어 관계를 꺼리게 된다. 또한 엄마가 어려서 자신을 버리고 떠나 버린 남자는 여자를 믿지 못하고 또 버림받을까 봐 전전긍긍하게 된다. 내면에 자리 잡은 내면 아이를 돌봐주고 나도 모르던 정서적 문제를 해결해야 내 아이도 온전히 키울 수 있다. 모든 경험은 과거에 일어난 일로 이미 지나갔다. 중요한 것은 지금, 이 순간을 알아차리고 과거의 상처받은 나를 돌보는 일이다.

부모가 어린 자녀에게 주는 상처는 치명적이다. 이유도 모르고 부모에게 상처를 입은 아이는 자신도 모르게 부모처럼 또 내면에 상처 입은 자신을 가지게 된다. 부모가 마음을 알아차려야 내 자녀도 건강하게 잘 기를 수 있다. 이 책을 읽고 있는 부모님들은 자기의 내면을 들여다보고 자신을 알아차려야 한다. 자신의 마음을 있는 그대로 바라보는 마음공부가 명상이다. 자신의 마음에서 일어나는 변화를 제삼자의 입장이 되어 바라보는 것이다. 판단하지 않고 그냥 조용히 지켜보는 것이다. 마음에 일어나는 오만 가지 생각은 왔다가 사라지는 구름과 같다. 집착하지 않으면 저절로 사라진다. 마음을 알아차리는 연습을 계속하면 혼란스럽지 않게 마음을 비울 수 있다. 마음을 챙겨야 나를 잃어버리지 않는다. 나를 잃어버리지 않아야 소중한 내 아이도 건강하게 키울 수 있다.

05

부모의 사랑만큼 좋은 마음공부는 없다

요즘은 4차 산업혁명 시대로 인공지능(AI) 로봇이 모든 분야에 들어와 활약하고 있다. AI가 그림도 그리고 정보를 물으면 사람의 힘으로는 상상할 수 없는 빠르기로 정보를 제공하고 있다. 이렇게 나간다면 로봇이 아이도 양육하는 시대가 오지 말라는 법도 없을 것 같다. 과연 신이 만든 섬세하고 오묘한 사람을 AI가 대신할 수 있을 것인가? 아무리 천지가 개벽하여도 부모, 그 이름은 아무도 가져갈 수 없을 것이다. 그만큼 신이 인간을 다 돌보지 못해 부모를 지상에 내려보냈다고 하지 않는가. 부모에게서 사랑이 빠지면 남만도 못하다. 또한 사랑을 품지 않으면 부모 노릇은 할 수 없다. 나는 어떤 부모인가? 조건 없는 사랑을 주는 부모인지 생각해 봐야 하지 않을까?

비행 청소년들을 보면 시작은 가정이다. 아이가 잘 자라야 하는 가정이 해체되거나 부모와 헤어지게 되면서 시작된다. 이 세상에서 제일 믿었던 부모가 자신을 버렸다고 생각되는 상실감에서 시작된다. 하지만 아이들이 다시 가정으로 돌아오는 일도 부모의 역할이 크다. 엉켜 있던 가족의 실타래를 푸는 일이 무엇보다 필요하다. 부모도 완벽한 인간이 아니기에 사랑해서 결혼하지만 헤어지기도 한다. 가정에서 일어나는 모든 부정적 사건의 피해자는 어쩔 수 없이 자녀가 된다. 아직 독립할 힘이 없으니 그냥 속수무책으로 당하게 된다. 그 괴로움이 어떨 것인지 부모는 짐작이나 할 수 있을까? 아이들은 투정을 맘 놓고 부릴 수 있는 부모만 있으면 행복하다. 가족이 모일 수 있는 가정만 제대로 있으면 잘 자랄 수 있다.

대다수 부모가 아이들의 사춘기를 걱정한다. 내 아이 사춘기는 그냥 지나갔으면 하고 바란다. 자녀의 사춘기가 그냥 지나갔다고 마냥 좋아할 일은 아니다. 사춘기는 어른이 되기 위한 관문이다. 사춘기를 격렬하게 지내고 자신을 찾는 아이일수록 자신의 의지가 확고하다. 그렇다면 사춘기를 바라보는 부모의 시선부터 달라져야 하지 않을까? 사춘기가 오기 전 대화의 문을 열어 놓은 아이들은 부모와 대화로서 사춘기의 강을 잘 건너간다. 대화의 문을 닫게 만드는 부모는 아이가 어떤 생각을 지니고 있는지 몰라 혼란스러워진다. 아이가 자신을 찾고 독립할 준비가 될 수 있도록 부모는 사랑으로 아이를 존중하고 기다려 주어야 한다. 부모의 사랑을 의심하는 자녀는 불행해진다. 가정을 버리고 길거리로 방황하게 될지도 모른다. 부모의 사랑만큼 좋은 마음공부는 없다. 또한 진실한 사랑으로 치유되지 않는 상처는 없다.

유튜브에서 〈한쪽 눈이 없는 어머니〉란 동영상을 보았다. 한쪽 눈이 없는 엄마가 너무 창피한 아들은 엄마를 싫어했다. 학교에서 아이들이 "너희 엄마 한쪽 눈이 없는 병신이더라." 말하는 것도 너무 창피하고 시장에서 약초며 아무거나 파는 엄마는 더욱 싫었다. 엄마처럼 살기 싫어서 서울로 올라와 지독하게 공부하여 의사가 되었다. 아들은 창피한 엄마는 까맣게 잊어버리고 잘살고 있었다. 어느 날 아들이 보고 싶은 엄마는 서울의 아들을 찾아왔다. 아들은 아내와 아이들 앞에서 엄마를 모르는 사람 취급하고 돌려보냈다.

그 후 고향에서 학교 동창회가 있다는 소식을 들은 아들은 동창회에 갔다가 고향 집에 가보게 되었다. 거기에는 엄마가 쓰러져 돌아가셔 있었고 엄마의 손에는 글씨가 적힌 꼬깃꼬깃한 종이가 쥐어 있었다. 그 종이에는 엄마의 아들에 대한 무한한 사랑이 들어 있었다. 어머니는 어려서 아들이 교통사고를 당하고 한쪽 눈을 잃어버리자 자기의 눈을 아들에게 주고 자신은 한쪽 눈이 없는 엄마가 되었다는 내용이 적혀 있었다. 그 모든 사실을 알게 된 아들의 눈에서는 눈물이 흘렀고 자기의 잘못을 깨달으며 엄마의 시신 앞에서 오열하게 된다.

"엄마 못난 아들을 용서해 주십시오. 엄마, 사랑합니다."

마음이 굳을 대로 굳은 자식의 마음을 녹이는 것 또한 부모의 사랑이다. 부모란 무지할 정도로 자식밖에 모른다. 엇나가던 자식이 결국 돌고 돌아서 부모의 품으로 돌아오는 것은 부모의 사랑이 있기 때문이다. 사랑이 아니면 해결할 수 없는 문제이다. 자식이 마음의 상처를 입고 길거리를 방황하지 않도록 처음부터 아이의 마음을 들여다보아야 한다. 아이가 아무것도 모르는 요람에서부터 죽을 때까지 제일 좋은 돌봄은 부모의 사랑이다.

나와 함께 명상을 배우던 엄마의 이야기다. 마음공부를 하기 전에는 아이에게 공부하라고 강요하고 아이를 쥐 잡듯 잡는 엄마였다. 공부를 제일로 여기고 다른 엄마들과 공부에 대한 정보를 빠짐없이 공유하던 엄마였다. 아이에게 학원을 대, 여섯 개씩 보내고 너무 힘들다는 아이의 말은 귓등으로도 듣지 않던 엄마였다. 어느 날 아이의 방을 치우다가 우연히 아이의 일기장을 보게 되었는데 뒤통수를 무엇인가로 한 대 맞은 충격이었다고 했다. 아이는 너무 힘들어서 자살하고 싶다고 힘든 마음을 일기장에 썼다. 순간 엄마는 내가 아이에게 무슨 짓을 하는 건가? 아이가 힘들다고 했을 때 행복한 투정이라고 생각하고 있었는데 아이의 속마음을 몰라도 너무 모른 자신을 자책했다. 힘든데도 죽지 않고 살아준 아이가 정말 고마워서 아이가 학교에서 돌아왔을 때 아무 말도 못 하고 안고 울었다고 한다. 그동안 꽉 쥐고 있었던 성적이라는 괴물을 비로소 내려놓을 수 있었다. 괴물을 내려놓으니 그렇게 편할 수가 없었다고 한다.

그 엄마는 명상을 배우면서 제일 먼저 자신을 들여다보게 되었고 아이에게 못난 짓을 한 자신이 너무 부끄러웠다. 아이가 행복해지는 길은 성적이 아니라는 것을 깨닫고는 아이와 함께 명상을 시작했다. 온 가족이 함께 일주일에 한 번 거실에 모여 각자 조용히 앉아 자기의 내면을 들여다보기 시작했다. 호흡 명상으로 마음을 가다듬고 지금 여기에 집중하는 명상을 시작했다. 명상만 했을 뿐인데 부모도 아이도 편안해지면서 행복한 순간들을 느끼게 되었다. 또한 시간을 내어 둘레길을 걷고, 자기 내면과 충분히 소통할 수 있는 시간을 갖는 연습도 했다. 가족은 차분해지면서 여유가 생겼고 가족도 모르는 사이에 행복이 가정에 스며들었다. 소리를 칠 일도 없고 점점 더 마음이 깊어지는 여유가 생겼다.

그 자녀는 아마도 이다음에 커서 결혼하여 자녀를 낳으면 부모가 그렇게 했듯이 고요하게 자신을 들여다보는 명상을 자녀에게 보여 줄 것이다. 그 삶이 얼마나 풍요로울지 보지 않아도 느껴진다. 이렇게 부모가 아이를 위하여 함께 마음공부하는 방법을 알려 준다면 아이는 무엇보다 값진 인생을 살 수 있을 것이다. 이것이 부모가 아이에게 줄 수 있는 최고의 선물 아닐까?

요즘의 부모들은 거의 맞벌이가 많다. 아이와 대화할 시간이 부족하다. 물질적으로는 풍부해졌을지 모르나 마음은 더 가난해졌다. 아이와 소통할 시간이 부족하니 돈으로 해결하려는 부모들도 많다. 아이들은 물질이 부족한 것이 아니라 부모의 사랑이 부족한 것이다. 우리가 자랄 때는 정말 물질적으로 가난했다. 가난했지만 부모와 함께 살아가면서 부모의 사랑으로 모든 것이 다 보충되었다. 우리 집도 아버지가 일찍 돌아가셔서 경제적으로 너무 힘들었다. 하지만 지금 생각해 보면 아버지가 스스로 헤쳐 나가며 살 수 있는 정신적 유산을 주지 않고 돈을 주셨다면 오늘의 나는 없었을 것이다.

부모들은 아이를 잘 키우기 위해 돈을 번다고 한다. 그 돈을 버는 시간이 아이에게는 부모가 꼭 필요한 시간이라는 것을 알지 못한다. 상담에 오는 아이들은 부모의 사랑이 왜곡되었거나 부족한 아이들이 많다. 부모들은 아이들을 몇 년씩 방치해놓고 상담으로 금방 아이가 변화되었으면 바란다. 상담은 도깨비방망이가 아니다. 진정으로 부모가 변화되었을 때 아이도 변화된다. 아이들은 완벽한 부모를 원하는 것은 아니다 그냥 부모만 옆에 있으면 된다. 부모의 진실한 사랑만 있으면 된다. 부모의 부재가 아이들을 불행하게 만들고 있다.

맞벌이가 점점 늘어가면서 마음이 아픈 아이들도 점점 늘어간다. 내 아이가 이상하다고 생각하기 전에 부모는 자신을 돌아보아야 한다. 아이는 부모의 사랑을 먹고 자란다. 그 사랑이 부족하여 아파하는 아이들이 늘어간다. 예전에는 ADHD라는 단어를 들어 본 적이 없다. 지금은 아이들을 보고 부모들이 먼저 알아서 병원에 데려가서 ADHD라는 진단을 받는다. 예전과 달라진 것은 부모와 아이가 함께 지내는 시간이 매우 부족해졌다는 것이다. 아이들을 아주 어려서부터 어린이집에 맡기는 일이 점점 늘어나고 있다. 아무것도 모르고 세상에 나온 아이가 적응해야 하는 것은 따뜻한 부모의 품이 아니라 낯선 어린이집이 되어가고 있다.

어린이집에 맡겨진 두 돌을 막 지난 남자아이가 있었다. 처음 어린이집에 맡겨질 때 아이는 며칠을 두고 악을 쓰고 울었다. 울다가 지쳐서 조용할 때도 있었다. 아기의 얼굴은 찡그려져 있었고 조금만 건드려도 울었다. 그러다 가위를 가지고 놀게 되었는데 어떻게 했는지 다른 여자아이의 볼을 가위로 자르게 되는 일이 벌어져다. 어린이집은 발칵 뒤집어졌고 볼살이 벌어진 아이는 병원으로 급하게 가게 되었다. 여자아이는 수술받게 되었고 자라는 아이이기 때문에 앞으로 몇 번의 수술을 더 해야 한다는 진단을 받았다. 얼굴이기 때문에 수술을 여러 번 해도 흉터가 남을 수 있다는 말을 들은 여자아이의 엄마는 낙담했다. 두 부모 사이에 치료비를 두고 옥신각신하게 되는 불미스러운 일이 벌어지게 되었다. 이렇게 말도 못 하는 어린아이가 낯선 환경에 적응하려다 보니 마음이 거칠어질 수밖에 없다. 너무 안타까운 현실이다.

아이들은 학교에서 집으로 돌아왔을 때 엄마가 웃으면서 맞아 주었으면 좋겠다는 말을 많이 한다. 학원을 전전하다 아무도 없는 빈집에서 혼자 밥을 먹는 아이들도 늘어 간다. 그 무료한 시간을 핸드폰 게임으로 달랠 수밖에 없지 않은가? 아이들은 많은 것을 바라지 않는다. 내 부모가 옆에 있기만 하면 된다. 학원도, 학교도 아이에게 줄 수 없는 것이 있다. 부모의 진실한 사랑은 누구도 대신할 수 없다.

명상으로 가족이 함께 여는 하루는 풍요롭다. 긴 시간이 필요 없다. 호흡하고 지금, 이 순간을 느껴보고 감사하는 마음으로 오늘을 시작하는 마음만 가져도 좋다. 함께 같은 생각을 한다는 것 자체가 이미 명상이다. 그 마음을 충분히 주고 느끼도록 돕는 것이 부모의 사랑이다. 더 이상 무엇이 필요하겠는가? 아이에게 부모의 사랑만큼 좋은 마음공부는 없다.

06

높은 자존감으로 아이를 빛나게 하라

자존감이 높은 아이는 눈빛부터 다르다. 나는 수업을 시작할 때 아이들과 눈 맞춤을 하고 시작한다. 아이들의 눈은 거짓말을 못 한다. 눈만 보아도 아이의 마음을 금방 알 수 있다. 공부를 잘한다고 해서 자존감이 높은 것은 결코 아니다. 요즘은 극성스러운 부모의 학구열에 의해 공부만 잘하는 아이가 많아진다. 공부를 잘하면 함부로 행동해도 되는 줄 알고 착각하는 아이들이 있다. 부모가 아이에게 공부만 가르쳤지 행동에 대한 책임이나 마음 씀씀이는 가르치지 않았다. 그런 아이일수록 도전하지 않고 안주하려 한다. 새로운 것을 배우는 것을 싫어하고 변화를 싫어한다. 도전하다 실패하면 비난받을까 봐 미리 겁부터 낸다. 이미 부모로부터 결과가 좋지 않으면 비난받아 본 상처가 있기 때문이다. 오직 점수를 잘 받아야지만 칭찬받을 수 있다고 생각한다. 부모의 조건부 사랑이 아이의 마음을 병들게 하고 있다.

그럼 내 아이의 자존감은 어떻게 높아질 수 있을까? 대답은 간단하다. 부모가 높은 자존감을 가질 수 있도록 아이를 도와주면 된다. 공부 점수를 높이는 학원은 있지만, 자존감을 높이는 학원은 없다. 부모가 제일 좋은 선생님이다. 아이들은 실수를 밥 먹듯이 하면서 자란다. 아이의 실수는 낙담할 일이 아니라 축하할 일이다. 실패를 통하여 다시 성공하는 법도 배우기 때문이다. 부모는 아이의 실패에 대해 위로해 주고 격려해 주어야 한다. 어떤 경우에도 질책하거나 비난해서는 안 된다. 질책이나 비난 속에서 자란 아이는 '나는 못 하는 아이', '나는 못난 아이'라는 생각이 자기도 몰래 머릿속에 각인되어 도전하지 않고 실패하려고 하지 않는다. 또한 자녀의 문제를 적극적으로 나서서 막아주는 부모 또한 아이의 기회를 뺏는 부모가 된다. 실패와 성공을 경험하면서 아이는 더 단단하고 성취감을 아는 아이로 성장한다. 자녀 교육으로 유명한 유대인들은 자녀에게 일부러 실패할 기회를 만들어 준다고 한다. 넘어져 봐야 일어나는 방법도 안다. 부모가 모든 것을 다 해주는 아이는 성장해서 걸림돌에 걸려 넘어지면 일어나는 방법을 모른다. 아이가 스스로 자신의 문제를 해결하고 앞으로 나가기를 원한다면 격려해 주는 정신적 지지자가 되어 주어야 한다. 그것이 내 아이를 자존감 높은 아이로 만드는 지름길이다.

3월 초에 아이들을 만나면 친구와 갈등이 있을 때 집에 가서 부모님께 이야기하는 방법부터 알려 준다. 서로 모르는 아이들이 만나기 때문에 갈등이 종종 일어난다. 부모님께 이야기할 때는 먼저 자기가 잘못한 부분을 이야기하고 상대방의 잘못을 이야기하라고 말한다. 부모님이 내 편이라는 사실을 아이들은 다 안다. 특히 귀한 내 아이를 때리거나 놀리면 부모님이 어떻게 행동한다는 것을 보고 자랐다. 부모가 아이의 편을 드는 것도 좋지만 아이의 말만 믿고 흥분하는 모습은 아이에게 좋지 않다. 아이를 사랑하지만, 행동에 대한 책임의 한계는 분명하게 가르쳐야 한다. 평범한 유대인 엄마였던 사라 이마스는 그의 저서 『유대인의 엄마는 회복탄력성부터 키운다』에서 부모의 사랑 그 자체가 교육이라고 말한다. 교육의 효과는 부모가 어떻게 사랑하느냐에 달려 있다고 말한다. 부모는 내 아이를 바른 방법으로 사랑하고 가르쳐야 한다.

어느 날 오후 민영이의 어머니로부터 전화를 받았다. 아이가 다른 반 아이에게 청소 대걸레로 귀를 맞아서 많이 다쳤다고 했다. 그날 학교에서 민영이는 귀가 아프다고 이야기한 적이 없어서 모르고 있었다. 아이가 다쳐서 얼마나 마음이 아프시겠느냐고 내일 민영이가 오면 이야기를 들어 보고 누가 그랬는지 알아보겠다고 했다. 다음 날 아이를 데리고 반을 돌며 알아보았지만 민영이가 이야기하는 아이는 찾을 수가 없었다. 민영이의 어머니는 인영이의 귀 상태가 안 좋아져서 수술해야 할지 모른다면 화를 많이 냈다.

며칠이 지난 어느 날, 다른 반 아이 한 명이 나를 찾아왔다. 처음에는 머뭇머뭇하더니 민영의 귀 다친 이야기를 했다. 사실은 민영이 어머님이 직장에 갔을 때 민영이 집에 몇몇 친구와 놀러 갔었다고 했다. 그때 몸으로 피라미드를 쌓는 놀이를 하다가 민영이가 넘어지면서 장롱 모서리에 귀를 부딪쳤다고 했다. 그냥 모른 척하고 있으려니 너무 양심의 가책이 되어서 솔직하게 말을 하러 왔다고 했다.

그날 놀러 갔었던 아이들을 데려다 그날 있었던 일을 듣게 되었다. 다른 반 아이가 말한 내용과 일치했다. 민영이 어머님께 전화를 드리고 상황을 설명했다. 어머니는 화를 내시면서 그럴 리가 없다며 아이들을 조사했다고 막무가내로 화를 내셨다. 너무 화를 내셔서 내일 학교로 오시면 설명하겠다고 말씀드리고 전화를 끊었다. 다음 날 아침 민영이 어머님이 오시지 않고 아버님이 교실로 찾아오셨다. 처음 민영이 아버님을 보고 조금 놀랐다. 아버님은 짧은 머리에 얼굴에는 칼자국 같은 상처가 길게 나 있었다. 혹시 조폭인가? 순간 두려운 마음이 확 들었다. 아버님께 아이들이 쓴 내용과 사건 내용을 차분히 설명했다. 아버님은 내 생각과는 달리 온화한 분이었다. 어머님이 무례하게 담임인 나에게 한 행동까지 사과하시고 미안하다며 아이들을 잘 가르치겠다고 하고 돌아가셨다. 민영이는 엄마에게 사실대로 말하면 혼날 것이 두려워서 학교에서 다친 것처럼 둘러댔다. 민영이는 선생님께 말씀드리고 싶었지만, 엄마가 너무 화를 내셔서 말씀드리지 못했다고 말했다. 엄마가 평소에 민영이의 말을 들어주고 믿어 주었다면 그런 일이 있어도 솔직하게 말했을 텐데 하는 아쉬움이 남는 사건이었다.

있는 그대로 믿어 주는 부모 밑에서 자라는 아이는 자존감이 높아진다. 아이는 부모의 눈을 통해 자신을 본다. 부모가 자신을 긍정적인 눈으로 바라보고 기다려 줄 때 자신의 가치를 느낀다. 아이는 빨리 자라지 않는다. 배워야 할 것도 많고 하지 말아야 할 행동도 많다. 아이들은 많은 시행착오를 겪으며 성장한다. 그 과정에서 실패는 앞으로 살아가는데 밑거름이 되는 배움 그 자체이다. 실패해도 실패에 수치심을 느끼지 않도록 부모가 격려해 주고 기다려 주는 모습이 아이에게는 큰 힘이 된다. 도전할 수 있는 동기가 된다. 높은 자존감이야말로 평생 아이를 지켜주는 든든한 자산이다. 부모가 아이에게 줄 수 있는 최고의 선물이다. 그 자존감은 부모만이 줄 수 있는 선물이다. 많이 가르치려고 하기 전에 마음에서 언제든지 꺼내 쓸 수 있는 마법 같은 자존감을 높여 주라. 자존감은 하루아침에 만들어지지 않는다. 부모가 항상 깨어서 알아차리고 아이에게 믿음을 줄 때 만들어진다. 누군가 부모는 기다림에 익숙해질 때 부모가 된다고 했다. 소중한 내 아이 부모가 주는 높은 자존감으로 아이를 반짝반짝 빛나게 하라.

인하대학교 대학원 박영신 상담 교수는 그의 저서 『아버지가 딸에게 들려주는 이야기들』에서 아버지는 특별한 능력도 없는 평범한 자신을 끊임없이 격려해 주고 따스한 시선으로 늘 감싸주셨다고 회고하고 있다. 아버지는 저녁에 퇴근하면 항상 자신을 천장까지 번쩍 들어 뱅글뱅글 몇 바퀴를 돌리셨다고 한다. 그러고는 "우리 영신이 오늘 학교에서 무엇을 잘했지?" 하고 물어보셨다고 한다. 별로 잘하는 것이 없어서 아버지께 대답하려고 겨우 손들고 발표하거나 그렇지 않은 날은 집에 오는 길에 운동장에서 쓰레기를 주웠다고 한다. 아버지는 그럴 때마다 천장까지 들어 올리시며 "와~우리 영신이 최고!"라고 진심 어린 몸짓과 마음으로 칭찬하셨다고 한다. 박영신 교수는 어릴 적 아버지의 아낌없는 사랑 덕분으로 어른이 되어 힘들 때 절망하거나 포기하지 않고 잘 살아냈다고 했다. 무한한 사랑으로 자신의 자존감을 높여 준 아버지의 고마움을 생각하면 지금도 눈물이 난다고 한다. 조건 없는 부모의 사랑이 아이를 당당하게 만든다, 자존감이 높은 아이로 만든다.

문제가 심각한 아이들의 상담으로 유명한 오은영 박사는 어렸을 적 미숙아로 태어났으며 아주 까다로운 아이였다고 한다. 부모는 어렸을 적

한 번도 오은영 박사에게 억지로 무엇인가를 시키지 않았다고 한다. 다른 사람들이 오은영 박사에 관해 부정적인 이야기를 할 때도 긍정적인 칭찬으로 덮어 주고 힘을 주셨다고 한다. 또한 오은영 박사의 말을 존중해 주고 기다려 주어서 오은영 박사가 있게 된 것은 모두 부모님의 믿음 덕분이라고 말한다. 한 아이를 기르는 일은 어떤 일보다 진심으로 믿고 사랑하는 과정임을 알 수 있다.

부모 노릇은 참 힘들다. 그래도 힘든지 모르고 잘 키워보려고 부모는 노력한다. 너무 잘 키우려고 하다 보니 시행착오를 저지른다. 그래도 부모는 부모다. 백 번을 생각해도 부모다. 부모는 아이가 잘된다는데 무엇을 못 하겠는가? 다만 내가 아이에게 어떤 요구를 하고 있는지 알아차림이 필요하다. 일찍 자신을 알아차리는 부모가 아이를 성공하게 만든다. 아이의 자존감을 높여 줄 수 있다. 내 아이가 높은 자존감으로 반짝반짝 빛나는 아이가 되게 하라. 부모니까 할 수 있다.

07

마음을 공부하는 부모, 아이와 함께 성장한다

〈어쩌다 어른〉의 강사 김미경은 부모도 아이와 함께 성장해야 한다고 말한다. 부모가 성장하지 못하면 아이 또한 성장하지 못한다고 말한다. 누구나 결혼하고 처음 아이를 키울 때는 엄마도 아이와 같은 초보라 무엇을 어떻게 해야 할지 모른다. 그저 아이를 아무것도 모르는 생명체로 보고 내가 잘 키워줘야 하는 대상으로만 본다. 부모는 아이를 잘 키우기 위해 아이를 보는 것이 아니라 다른 아이와 비교하기 시작한다. 내 아이는 특별한 존재이다. 아무것도 모르는 아이가 아니라 모든 가능성을 가지고 태어나는 존재이다. 그 특별한 존재를 알아보지 못하고 다른 아이들과 똑같이 키우기 위해 공부 달리기를 시작한다. 아이는 가지고 태어나는 재능부터 다르다. 누구는 달리기를 잘하고 누구는 수학을 잘하고 누구는 글짓기를 잘한다. 내 아이를 다른 아이와 다른 관점에서 양육을 시작한다면 모두 같은 생각을 하는 틀에 박힌 아이로 키우는 것에서 벗어날 수 있지 않을까?

요즘은 대학교에 갈 때 수시로 가는 학생들이 많다. 수시로 갈 때 고등학교의 성적만으로 간다고 생각하면 오산이다. 적성이라는 예전에 듣도 보도 못한 시험도 보고 대학에 따라 논술고사도 본다. 예전에 딸아이 대학 입시 적성시험 보는데 함께 갔었다. 적성시험은 적성이 아니라 무슨 종합적인 지식을 묻는 시험 같았다. 그중에 하나 초등학교 4~5학년에서 배우는 쌓기나무의 모양을 묻는 시험이 난 것을 보았다. 분명히 초등학교 교과서에 나오는 문제였다. "그런 문제가 왜 거기서 나와?"라고 질문했더니 누군가 초등학교부터 고등학교 때까지의 문제가 나온다고 했다. 대학에 가기 위해서는 초등학교 때부터 공부를 잘해야 한다는 말이다. 그래서 부모들이 초등학교 때부터 열을 올리는지도 모른다. 같은 학교에 같은 학원에서 같은 방식의 수업을 받으니 아이들의 창의성은 좀처럼 나오기 힘들다. 생각하는 것들이 똑같을 수밖에 없다.

어떤 대학의 논술 문제 제목이 '시냇물이 흘러가는 모습을 빗대어 인생을 논하시오.'였다고 한다. 한 교실에서 시험을 본 학생들의 답안지에는 거의 모든 학생이 시냇물은 졸졸 흐른다는 문구가 들어간 답이 대부분이었다고 한다. 그중에 한 답안지에는 '시냇물은 흘러가는 동안 졸랑 퐁, 졸랑 퐁 하며 구덩이에 빠지기도 하고 다시 평지를 흐르기도 한다'는 내용이 있었다. 거기에 덧붙여 우리의 인생도 어느 때는 급하게 바닥을 치며 흐르기도 하고 다시 고난을 딛고 평지를 흐르기도 한다. 그래서 시냇물이 흘러가는 모습은 우리의 삶과 너무 닮아 있다. 당연히 이런 맥락의 답을 쓴 학생이 논술시험 일등으로 대학에 갔다고 한다. 부모들은 특별한 내 아이를 똑같은 생각을 하는 평범한 아이로 키우기 위해 오늘도 아이를 닦달하고 있지는 않은지 알아차려야 한다.

부모들이 너무 잘 키우려고 마음을 먹는 순간 내 아이는 무척 고단한 삶을 살게 된다. 그냥 부모는 아이가 자라면서 자신을 알고 스스로 꿈을 찾아 펼쳐나갈 수 있도록 울타리가 되어 주면 된다. 아이가 자신을 잘 들여다볼 시간을 많이 주면 된다. 아이도 스스로 자신을 알아볼 조용한 시간이 필요하다. 현명한 부모라면 아이에게 많이 사색하고 생각할 시간을 만들어 줄 것이다. 하루 학원 안 간다고 아이의 자존심을 긁어내리는 부모가 되지 말고 다양한 경험을 할 기회를 주는 부모가 되어야 한다. 부모도 아이가 자라는 기준에 따라 함께 배우며 성장하여야 한다. 세 살 때는 세 살 어린아이의 기준으로 눈높이를 내리고 아이가 초등학교에 가면 초등학교 아이의 눈높이에 수준을 맞추어야 한다. 아이는 아직 초등학생인데 중학교, 심지어는 고등학교의 수업을 시키는 부모는 자신은 너무 잘하고 있다고 생각할지 모른다. 하지만 아이는 또래와 잘 어울리지도 못하는 마음이 아픈 아이가 된다는 사실을 잊지 말아야 한다.

규민이는 어린 나이답지 않게 반항기가 많은 아이였다. 입만 열면 부정적인 이야기들이 줄줄 나왔다. 학기 초부터 눈에 띄게 수업 시간에 집중하지 않고 산만했다. 학기 초에 학년 학습 과정을 진단해 보는 수학 진단평가를 보게 되었다. 규민이는 시험지를 받자마자 너무 쉽다고 큰 소리로 말했다. 그냥 집중해서 풀라고 말하고 다른 아이들을 봐주고 있는데 자신은 다 풀었다며 자꾸 다른 아이들을 방해했다. 다 했으면 검토하라고 해도 검토까지 다 했다고 했다. 묻지도 않는데 자신은 고등학교 수학을 하고 있다고 했다. "수학을 잘하는 아이였구나." 하고 아이의 마음을 읽어 주었다. 규민이의 시험지를 보니 시계 그림이 있고 몇 시인가를 묻는 문제에 엉뚱한 답을 써 놓았다. 규민이는 시계 문제를 틀리게 되었다. 시험지를 확인해 보겠다고 고집을 부려서 따로 불러서 보여 주었다. 자신이 당연히 100점이라고 생각했는데 한 개가 틀린 것을 보고 규민이는 풀이 죽어 교실로 돌아갔다. 교실에 다시 갔을 때 규민이는 울고 있었다. 쉬는 시간에 다시 불러서 왜 우느냐고 물어봤더니 자신은 체험학습을 가서 시계를 배우지 않았다고 했다. 이제 배우면 되니 울지 말라고 했다. 규민이는 울음을 그치지 않고 계속 울먹였다. 나중에는 돌아가신 할아버지 생각이 나서 운다고 했다. 그러냐고 아이를 달래 주었다. 규민이의 모습에서 끊임없이 선수학습을 시키고 틀리면 질책받았을 규민이의 모습이 보였다. 규민이는 한 문제 틀린 것이 생각할수록 속상했던 것이다. 자신의 실수를 합리화해서라도 자신을 위로하려고 하는 모습이 보여 너무 안쓰러웠다. 아이를 그렇게 만든 규민이의 부모님이 원망스러웠다. 한창 뛰어노는 것에 신경을 써야 하는 규민이가 수학 문제를 풀 때마다 틀릴까 봐 전전긍긍하는 안타까운 모습이 계속 보였다. 규민이를 수학의 노예로 만들고 마음이 불안하게 만든 사람은 누구도 아닌 규민이의 부모님이었다. 과연 그것이 사랑인지 묻고 싶었다.

살아가면서 지식도 중요하지만, 지식을 어떻게 쓸 것인가 하는 자기의 생각이 더 중요하다. 요즘 부모나 아이들은 머리에 지식이 넘치도록 많다. 다만 실천하지 않는 지식이 많은 것이다. 실천하지 않는 지식은 죽은 지식이라고 아이들에게 말한다. 생각은 많은데 정작 그 생각들이 가슴에서 녹아 행동으로 보이지 않는다는 것이다.

천주교 김수환 추기경은 살아생전 이런 말씀을 하셨다.

"머리와 입으로 하는 사랑은 향기가 없다. 진정한 사랑은 이해, 관용,

포용, 자기 낮춤이 선행되어야 한다. 머리에 생각이 가슴으로 내려오는데 70년이 걸렸다."

인성적으로 훌륭한 김수환 추기경이 머리의 생각이 가슴으로 내려오는 데 70년이 걸렸다면 깨닫지 못하고 사는 평범한 우리는 몇 십 년이 더 걸릴 것인가? 깨어 있고 알아차리지 못하면 어느 부모나 똑같은 실수를 저지를 수밖에 없다. 부모도 아이와 함께 배우고 행동으로 보여 주어야 한다.

지식보다 중요한 것이 따뜻한 마음이다. 부모는 자식을 위해 누구보다 따뜻한 마음을 가지고 있다. 그 마음이면 충분하지 않을까? 자녀를 더 배우라고 등 떠밀기 전에 따뜻한 마음을 배우는 마음공부가 선행되어야 한다. 자신을 아는 일은 어떤 지식보다 지혜롭다. 생활 속 명상으로 순간순간 깨어 있고 알아차리는 공부는 부모가 해야 할 마음공부다. 부모가 마음이 맑게 비어 있을 때 아이가 들어올 공간이 생긴다. 아이가 세상의 파도에 넘어지면 일으켜 세울 사람은 부모밖에 없다. 아이는 부모가 있으므로 넘어졌다 스스로 일어나는 힘이 생긴다. 부모도 완벽하지 못한 사람이다. 부모도 넘어질 때가 있다. 그때는 아이가 있으므로 힘을 내어 일어설 수가 있다. 부모와 자녀는 서로 떼려야 뗄 수 없는 서로 힘을 주고받는 불가분의 관계이다.

부모는 살았을 때나 돌아가셨을 때나 항상 자녀에게 힘을 주는 존재이다. 부모 생전 모습의 기억으로 자녀는 힘을 내서 살아간다. 우리 엄마는 심장이 제 기능을 못 하여 쓰러지셨던 전날까지 성경을 필사하셨다. 8남매를 키우느라 너무 고생을 많이 하셔서 제 명을 다 살지 못하고 돌아가신 것 같아서 마음이 아프다.

엄마가 돌아가시고 엄마의 유품을 자식들이 나눠 가지면서 나는 엄마의 성경 필사 노트 두 권을 가지고 왔다. 엄마는 초등학생이 쓰는 공책에 초등학생처럼 성경을 정성스럽게 필사하셨다. 어머니는 팔순이 넘어서도 항상 배우는 자세를 잃지 않으셨다. 옛날에는 딸이라고 공부를 제대로 가르치지 않아서 초등학교밖에 나오지 않은 우리 엄마는 무엇이든지 배우려는 모습을 보여 주셨다. 그런 엄마의 모습이 내가 살아가는 데 많은 도움이 되었다. 나도 늦은 나이에 더 배우려고 노력하면서 사는 모습이 엄마의 그런 모습을 닮았기 때문이다.

부모는 평생 아이와 함께 배우고 성장해야 한다. 부모가 마음의 힘이 없으면 자녀는 기댈 곳이 없다. 험한 세상에 마음을 다쳐도 돌아갈 수 있는 넉넉한 부모의 품이 필요하다. 쭉정이만 남도록 몸과 마음을 다하여 키운 자녀는 또 내 부모의 그 모습, 그 마음으로 자녀에게 베푼다. 아이와 함께 마음을 공부하는 부모, 아이와 함께 성장한다. 이것이 내 아이를 잘 키우는 최고의 방법이다.

자 이제 부모는 이제 아이의 마음을 어떻게 알아주고 공감해 주어야 하는지 알았을 것이다. 또한 부모는 내 아이가 얼마나 특별하고 소중한 존재인지도 알아차렸을 것이다.

그 귀한 자녀를 위하여 바로 지금, 아이와 함께 마음공부를 시작해 보자. 명상은 아주 쉽다. 그렇게 거창하게 할 것도, 요란을 떨 것도 없다. 일상생활 속에 보석처럼 숨어 있는 작은 행복들을 보물찾기한다는 마음으로 아이와 함께 시작해 보자.

- 알아차리고 들이마시고 내쉬고 숨 잘 쉬기. 숨만 잘 쉬어도 행복해진다.
- 자녀와 작은 행복한 일 자꾸 만들기, 시간 내서 둘레길 걷기, 손잡고 마트 가기.
- 아무리 바빠도 아이와 눈 마주치고 대화하기, 자녀의 말에 먼저 공감해 주고 부모의 말하기.
- 자녀 만날 때마다 안아주기, 내 아이 지금 모습 그대로 인정하고 사랑해 주기.
- 부모의 감정 솔직하게 표현하기.
- 다른 아이와 내 아이 비교하지 않기.
- 잠자리에 누워서 명상하기, 행복 명상 자꾸 하기.

부모는 백 번 생각해도 부모다. 누가 부모의 사랑을 따라갈 수 있겠는가? 이제 자녀와 행복해지기 위해 알아차리고, 내려놓고 비우자. 생활 속 명상 아이와 함께 실천해 보자. 부모와 자녀 행복해지는 비결은 명상이 답이다.